AF346842

TRAITÉ PRATIQUE

DE LA

CULTURE ET DE L'ALCOOLISATION

DE LA BETTERAVE

Evreux, A. Hérissey, imprimeur. — 158.

TRAITÉ PRATIQUE

DE LA

CULTURE ET DE L'ALCOOLISATION

DE LA

BETTERAVE

RÉSUMÉ COMPLET DES MEILLEURS TRAVAUX FAITS JUSQU'A CE JOUR
SUR LA BETTERAVE ET SON ALCOOLISATION

Renfermant toutes les notions nécessaires au cultivateur et au distillateur,
ainsi que l'examen critique des méthodes de pulpation, de macération, de fermentation
et de distillation employées aujourd'hui

PAR

N. BASSET

DEUXIÈME ÉDITION

Revue et augmentée.

PARIS

LIBRAIRIE CENTRALE D'AGRICULTURE ET DE JARDINAGE

QUAI DES GRANDS-AUGUSTINS, 41

— **Auguste GOIN**, éditeur —

1858

INTRODUCTION

A LA PREMIÈRE ÉDITION.

La betterave a produit deux révolutions industrielles dont les conséquences sont presques incal-
culables, en devenant la matière première du sucre
indigène et de l'alcool. Le dernier surtout, qui vient
d'occuper en quelques mois une place si avantageuse dans le commerce et l'industrie, nous paraît
appelé au plus brillant avenir. En effet, dès que,
par une méthode simple et applicable, on sera
arrivé à détruire complétement l'odeur assez désagréable de cet alcool et à lui donner les qualités de
l'alcool de vin, la question sera entièrement tran-
chée en sa faveur, et, quelle que soit la récolte en
vins, on sera certain d'éviter désormais le déficit
des alcools, non-seulement quant à la quantité,
mais encore quant à la qualité.

La fabrication sucrière, qui, cette année, a été
au-dessous de la normale, reprendra bien vite ses
proportions, soit par une culture plus vaste de la
betterave, soit par l'application à l'extraction du
sucre ou à la production de l'alcool, d'un certain

nombre d'autres plantes. Mais cette considération est en dehors de notre but, que nous allons indiquer au lecteur le plus brièvement qu'il nous sera possible de le faire.

Exposer le plus succinctement et de la manière la plus complète tout à la fois ce que l'on a dit ou écrit de sérieux sur la culture et l'alcoolisation de la betterave ; discuter les méthodes brevetées ou tombées dans le domaine public, quand elles seront discutables ; en établir la véritable valeur par l'opinion des autorités les plus recommandables, en y joignant nos observations et nos recherches personnelles, et en nous plaçant constamment au double point de vue agricole et industriel, tel est l'ensemble que nous voulons embrasser dans cet opuscule.

Nous n'avons pas la prétention de faire un ouvrage complétement original ; nous prendrons les bonnes idées partout où nous les trouverons, en indiquant les sources avec soin ; tout ce qui est bien doit être propagé quand même, en réservant les mérites de ceux qui peuvent revendiquer la priorité d'une idée. Les ouvrages d'agriculture pratique, d'histoire naturelle et de chimie, les journaux agricoles et industriels, les notes scientifiques, seront mis à contribution par nous, et notre rôle se bornera à faire un ensemble complet, homogène et succinct des idées applicables, des principes vrais que nous rencontrerons disséminés partout. Mais, nous ne pouvons trop le répéter, nous rendrons à César ce qui appartient à César, et nous ne voulons pas du métier odieux de plagiaire. Compilateur et critique dans certains cas, nous exposerons nos propres idées avec autant de franchise que nous mettrons d'impartialité à discuter celles d'autrui.

En un mot, nous n'écrivons pas pour le vain plaisir de faire un livre, nous aspirons à donner à tout ce qui sortira de notre plume une plus haute portée, et nos vœux ne peuvent être satisfaits que si nous avons fait quelque chose d'utile à la cause du progrès national, en agriculture et en industrie.

N. BASSET.

Paris, 4 mars 1854.

AVERTISSEMENT

A LA SECONDE ÉDITION.

Il n'y a qu'une seule preuve de succès pour l'éditeur d'un livre, et elle gît dans la rapidité avec laquelle le public s'en empare. Cette preuve n'est pas toujours suffisante aux yeux de l'auteur, elle n'est pas complète pour l'écrivain consciencieux.

En effet, et pour appliquer notre raisonnement à notre ouvrage, notre *Traité pratique de la culture et de l'alcoolisation de la betterave* était loin, bien loin de la perfection. Il s'y rencontrait de nombreux défauts ; des erreurs même s'y étaient glissées, et cependant la faveur publique l'a accueilli avec une préférence marquée. La raison de ceci est facile à trouver ; elle consiste en ce que, lors du mouvement industriel qui s'est opéré en faveur de la betterave, notre travail était le seul où les cultivateurs industriels pussent puiser des renseignements certains.

Depuis cette époque, il n'a été rien publié sur le même sujet qui ait pu infirmer ce que nous avions écrit, et une seule brochure fort incomplète a été livrée à la publicité par un savant officiel bien connu. Nous n'avons pas à contester le mérite de l'auteur, mais il est évident qu'il n'avait pas le

1.

même but que nous nous étions proposé ; en sorte que, malgré des titres analogues, les deux ouvrages diffèrent essentiellement quant à la tendance et surtout relativement à la manière de voir. MM. Dubrunfaut et Champonnois, et leurs systèmes, ont fourni la matière du travail de l'honorable professeur, et il n'a pas abordé de front les questions importantes qui sont d'un si haut intérêt pour l'agriculture. La culture de la plante et les méthodes qui sont du domaine de tous font l'accessoire dans son livre ; dans le nôtre, c'est le contraire : nous n'avons jamais songé à écrire l'apologie d'aucun système, à plus forte raison ne le ferions-nous pas pour ceux qui donnent tant de prise à la critique, malgré les médailles et les distinctions qu'ils ont obtenues.

Tant mieux, certes, que des récompenses flatteuses aient été accordées même à des systèmes mauvais ou imparfaits ; cela prouve que les commissions s'occupent un peu des grandes idées et qu'elles ont voulu couronner les efforts relatifs à l'alcoolisation, tout en ne tenant pas assez de compte, peut-être, des détails et des questions secondaires. Mais l'écrivain n'a pas de palmes à décerner ; il n'a que le droit et le devoir de dire la vérité, de la démontrer, de la constater, de la faire toucher du doigt, dût-il blesser pour cela la susceptibilité des gens qu'il blâme.

Nous tenons donc à répéter au commencement de ce livre, à la correction duquel nous avons apporté le plus grand soin, que nous n'avons fait aucune question de personnalité dans les appréciations que nous avons cru devoir faire des systèmes et des opinions. Des hommes très-honorables peuvent tous les jours commettre des erreurs et les prendre pour des vérités démontrées ; des chercheurs, frappés par une idée qui les a précédés de longtemps, peuvent très-bien s'en croire les inventeurs réels et soutenir leurs droits prétendus ; cela ne touche pas à la personnalité morale et n'implique rien autre chose qu'une erreur d'entendement. Ce sont précisément ces sortes d'erreurs que l'auteur impartial a mission, non pas d'encenser, mais de poursuivre, et c'est à cette tâche que nous ne faillirons pas, préférant mille fois l'intérêt public à celui des auteurs de méthodes.

Nous avons suivi les mêmes principes dans notre *Traité d'alcoolisation générale*, et cet ouvrage a obtenu, à sa seconde édition, la même bienveillance qui l'avait accueilli lorsqu'il a paru. Nous ne rappelons pas ces circonstances dans un but de vanité satisfaite, mais afin de faire voir que le public lui-même nous a encouragé dans la voie de sincérité et d'indépendance où nous étions entré, sans nous préoccuper des conséquences matérielles qui pouvaient en résulter à notre désavantage. Contrairement aux habitudes reçues, nous sommes donc fermement résolu à ne louer que ce que nous trouverons de réellement utile, et à critiquer nettement et sans ambages tout ce qui nous semblera mauvais ou incomplet.

Notre livre est destiné à ceux qui peuvent le moins reconnaître par eux-mêmes les fautes de systèmes, les erreurs scientifiques ; nous n'avons rien négligé pour faire de cette seconde édition une *monographie* assez complète pour que le lecteur puisse se passer de tout autre travail. C'est la betterave seule que nous avons eu en vue, et si nous avons corrigé nos erreurs personnelles, nous n'en avons pas moins cherché à compléter notre œuvre en l'augmentant considérablement. Un travail spécial sur la fabrication du sucre brut par le cultivateur et sur les avantages qui pourraient en résulter en ferme a été annexé à la fin de notre brochure, ainsi que diverses notes sur des objets de moindre importance, qui ne présentent pas moins une utilité réelle au cultivateur-distillateur, et nous avons cherché à mettre notre travail à la hauteur des progrès atteints depuis trois ans.

C'est avec l'espoir d'avoir réussi à détourner les principales difficultés qui attendent l'homme de pratique dans l'alcoolisation de la betterave que nous livrons à la publicité cette seconde édition ; mais nous n'épargnerons rien pour tenir constamment ce livre au niveau des résultats acquis, afin qu'il reste toujours un véritable *manuel,* destiné à l'homme des champs, qui n'a guère le temps de parcourir les pages des gros livres.

Heureux si notre espérance peut être réalisée et si nous avons pu rendre quelque service à l'agriculture, qui est, à nos yeux, la source la plus féconde de la grandeur et de la prospérité de notre patrie !

N. BASSET.

Novembre 1857.

LA BETTERAVE

CONSIDÉRÉE

COMME MATIÈRE PREMIÈRE

DE L'ALCOOLISATION.

I

Histoire de la betterave ; sa culture.

La betterave est assez connue de tout le monde, pour que nous n'ayons pas ici à en faire la description : disons seulement que cette plante appartient à la famille des *chénopodiacées*, et qu'elle est voisine de la poirée, dont on mange les côtes en guise de cardes. Nous n'entrerons dans aucun détail botanique sur les genres nombreux que comporte la famille où l'on place la betterave et la bette poirée, ce serait oiseux et complétement inutile.

La betterave paraît être une plante indigène des parties méridionales de l'Europe ; et, d'après un passage du *Théâtre d'agriculture* de notre Olivier de Serres, elle aurait franchi les Alpes pour s'acclimater en France vers 1595. Les auteurs anciens ; et parmi eux Pline et Dioscoride, font mention de la bette et de la betterave, qu'ils rangent parmi les plantes médicinales. Aujourd'hui, elle est bien déchue de sa réputation sous ce rapport et pourrait à peine entrer dans la médecine à titre de plante émolliente et adoucissante : ses feuilles sont encore employées comme telles dans les remèdes de la médecine populaire. Mais elle est loin d'avoir perdu de son importance en devenant une plante industrielle, car elle est appelée à alimenter la production du sucre et de l'alcool, lesquels deviennent tous les jours d'un usage de plus en plus répandu et indispensable.

Nous ne rappellerons pas ici les circonstances qui donnèrent l'impulsion aux recherches des savants et des praticiens sur les plantes sucrières ; mais c'est de ces travaux, propriété glorieuse de notre siècle, que datent les investigations sérieuses sur la nature et la production de l'alcool, dont nous donnons plus loin le résumé dans notre chapitre sur l'alcoolisation en général.

Variétés.

On connaît bon nombre de variétés cultivées de la betterave ; telles sont :

1° *La betterave commune,*
2° *La betterave du Palatinat* ou *disette,*
3° *La grosse jaune,*
4° *La grosse rouge,*
5° *La betterave champêtre, veinée de rouge,*
6° *La jaune-blanche de Castelnaudary,*
7° *La rose à chair blanche,*

8º *La globe jaune*,

9º Enfin *la betterave blanche de Silésie*.

Ces neuf variétés sont les plus importantes du groupe ; mais, comme nous le verrons plus loin, le sucre étant la base de l'alcool, il importe de choisir celles qui contiennent le plus de principes sucrés. Ce sont la *rose à chair blanche*, la *globe jaune* et la *blanche de Silésie* qui justifient le mieux cet objet ; la *jaune-blanche de Castelnaudary* est également très-sucrée, mais elle est moins convenable, parce qu'elle est moins juteuse, plus fibreuse et plus dure. Nous conseillons donc de cultiver de préférence la *silésie*, la *globe jaune* ou la *rose à chair blanche*, qui contiennent de 11 à 19,50 de sucre sur 100 parties de racine séchée à 120 degrés, et de 5 à 11 pour 100 de la racine fraîche.

Culture de la betterave.

La culture de la betterave est celle de la plupart des plantes sarclées et repose sur les mêmes principes : sa racine pivotante hait les sols tenaces, les loams argileux, mais elle prospère dans les terrains dits argilo-sablonneux, terres franches à blé, perméables à l'eau, meubles et chargées d'éléments nutritifs à une certaine profondeur. Qu'on ne la place ni sur des sols calcaires inertes qui admettent à peine le sainfoin, ni sur des fonds trop argileux : cependant, il convient de dire que ceux-ci, bien amendés, produisent quelquefois une bonne récolte, et que la betterave elle-même, par les cultures qu'elle exige, contribue à l'ameublissement de ces sols. Nous entendions dire, il y a quelques jours, chez un honorable propriétaire du Midi, que la betterave acquiert de très-bonnes dimensions dans les terrains sablonneux des Landes ; mais nous sommes porté à croire que ces terrains sont loin, dans ce cas, d'être composés de beaucoup de sable ou de silice en excès : dans un tel sol, la betterave végéterait, il est vrai, mais sa racine resterait fibreuse et petite, et elle n'atteindrait jamais des proportions suffisantes.

Il est, en effet, à remarquer combien les plantes à racines pivotantes ou tuberculeuses ont de la tendance à rester fibreuses dans les sols peu riches en principes nutritifs ; c'est que ces plantes proviennent, en général, de types à racines fusiformes, ne prenant naturellement que peu d'accroissement. Cette raison est grandement suffisante pour faire voir comment la culture raisonnée peut amener un produit supérieur et de quelle façon le manque de soins ou de connaissances ramène facilement un végétal à son type primitif. Ceci n'offre que peu d'exceptions.

Préparation du sol.

Le terrain choisi pour le champ de betteraves, quelle culture proprement dite doit-on adopter ? Pour répondre à cette question, il faut, au préalable, établir la préparation du sol.

Nous empruntons ce qui suit à la *Maison rustique du XIXe siècle* (t. II, ch. III, p. 39) :

« Les *préparations préliminaires du sol* varient en raison de la nature et de l'état dans lequel il se trouve ; mais, en général, on peut prendre pour modèle ce qui se pratique dans le département du Nord, que nous allons citer d'après MM. Baudrimont et N. Grar. Que ce soit au blé, comme cela est le plus ordinaire dans ce pays, à l'avoine ou à toute autre culture que la betterave doive succéder, aussitôt que la récolte est fauchée, on forme les gerbes, on les réunit en petites meules, les épis en haut, sur des bandes de terre étroites et longitudinales, et on met la charrue dans le champ, dans les trois ou quatre jours après la fauchaison ; pour ce labour, on se sert du *binot,* espèce de *charrue-cultivateur* qui joue, dans l'agriculture flamande, le rôle d'extirpateur. Il résulte de cette pratique que le sol, auquel on n'a pas laissé le temps de se dessécher, n'offre pas de difficulté au labourage ; toutes les mauvaises herbes sont retournées et leurs racines exposées au soleil, qui les dessèche ; un coup de herse donné quelque temps après produit le même effet sur celles qui ont échappé ; de plus, la chaleur étant encore fort grande, les graines de ces mauvaises herbes germent très-vite, et, avant qu'elles arrivent en graine, on les détruit de nouveau par un second *binotage* et un second hersage. — On laboure alors avec la charrue ordinaire, et souvent le temps est encore assez doux pour que les graines de mauvaises herbes, amenées du fond, puissent germer pour être détruites au printemps. — Cette manière de préparer le terrain assure l'ameublissement parfait du sol, qui est essentiel sous tous les rapports, et spécialement utile, en ce qu'il permet à la betterave de pivoter et ne point se ramifier. Au printemps, on donne un nouveau labour à la terre ; on la travaille encore quelquefois au binot, puis l'on herse, l'on roule et l'on *ploutre* : le *ploutrage* consiste à faire passer sur la terre la herse retournée sur le dos, et son effet est de briser toutes les mottes de terre en les saisissant entre les barres qui servent de traverses à la herse. — Tel est le mode le plus général d'arranger le sol. Dans les terres sablonneuses et blanches, on préfère binoter plusieurs fois avant l'hiver et ne labourer qu'au printemps. »

Assurément, cette préparation est excellente sous tous les rapports et de tout point applicable, sauf pourtant la recommandation de placer les gerbes dans le champ, sur une bande étroite et longitudinale. Il nous paraît plus convenable et moins embarrassant de ne binoter le sol qu'après la rentrée de la récolte, et deux ou trois jours de délai n'empêchent pas la terre d'être facile à labourer. C'est là une de ces futiles recommandations, comme on en trouve tant dans les livres, qui n'ont d'autre mérite que de faire quelques lignes ou quelques phrases de plus. Leur plus grand inconvénient est de dégoûter de la lecture l'homme des champs, auquel il ne faut rien offrir d'inutile et dont on doit ménager le temps.

D'ailleurs, ce conseil peut être bon quand il s'agit d'une vaste pièce de terre, d'un terrain immense; mais il faut bien se rappeler que l'on doit écrire pour tout le monde et que la division de la propriété ne permet pas l'exécution de ces petites choses.

Ainsi, cette manière d'ameublir le sol est très-bonne, en ce sens qu'elle extirpe complétement les mauvaises herbes, en les enfouissant aussitôt la moisson; elle présente cet avantage de les faire périr et d'amender, d'engraisser la terre par les détritus de ces plantes.

On ne doit jamais donner de fumier à la betterave: l'oignon, les plantes bulbeuses, les racines, sont dans le même cas. Le fumier nouveau leur cause un dommage considérable, et, quoi qu'on puisse en penser au premier abord, on perd à peu près son fumier et sa récolte. L'engrais de la même culture fait pousser à la betterave une énorme quantité de racines latérales et de chevelu, augmente sa proportion d'eau et lui donne une saveur désagréable. Il n'y a nul intérêt à avoir de *grosses betteraves mauvaises*, au lieu de *petites* et de *moyennes*, contenant, sous un moindre volume, plus de matière saccharine. La terre doit avoir été fumée l'année précédente, ou, si on tient à y mettre de l'engrais, on ne doit employer que du fumier transformé en terreau, du compost ou un engrais chimique bien préparé. Nous indiquons plus loin une composition extrèmement avantageuse sous tous les rapports, laquelle a le mérite d'engraisser le terrain et de préserver la betterave de la maladie.

Epoque des semailles.

L'époque à laquelle on sème la betterave varie, et, à ce sujet, nous transcrirons ici une notice curieuse insérée dans l'*Agriculteur praticien* (numéro d'octobre 1853) et due à M. Minangoin :

« Il y a quelques années, un agriculteur du Haut-Rhin, M. Kœchlin, annonçait avoir trouvé le moyen d'augmenter considérablement le produit de la betterave en donnant à sa végétation une plus longue durée. Sa méthode consistait à semer sur ccuche dès le mois de janvier et à repiquer, au commencement d'avril, à une époque où l'humidité dú sol et de l'atmosphère rend la reprise du plant facile et assurée. Les résultats annoncés par l'auteur étaient de nature à encourager les cultivateurs à essayer une méthode qui promettait jusqu'à 300,000 kil. à l'hectare.

« La réussite d'un premier essai, en 1851, a engagé la direction des cultures de la colonie à en tenter, en 1852, un second, que j'ai été chargé de surveiller, et dont je viens aujourd'hui constater les résultats.

« Le 18 janvier, il a été fait un semis sur couche qui a donné du plant le 30 mars suivant ; il a été repiqué sur un sol argilo-siliceux, à sous-sol imperméable, qui avait été préparé par un bon labour d'hiver et des hersages énergiques au printemps. Le champ, d'une fécondité moyenne, avait reçu 60 mètres cubes de fumier d'étable à l'hectare. La température était douce et la terre suffisamment humectée par une pluie du jour précédent ; néanmoins, nous avons jugé à propos d'assurer par un léger arrosage la réussite du plan, qui se trouvait très-faible. (Le diamètre des racines ne dépassait pas 2 millimètres.)

« La plantation a été faite en quinconce à 0 m. 65 en tous sens; ainsi il a fallu 23,668 betteraves par hectare. La température des jours suivants a été douce et humide, mais elle est devenue, plus tard, froide et sèche, et, le 30 avril, le thermomètre est descendu à 4 degrés au-dessous de zéro. Les jeunes plantes ont parfaitement résisté à cet abaissement de température, ce qui s'explique surtout par l'état de dessiccation du sol et de l'atmosphère, produit par un vent nord-est qui soufflait avec violence depuis quelques jours.

« Un léger binage a été donné le 11 mai, dès le moment où les racines étaient suffisamment assujetties; deux autres binages, dans le courant de l'été, ont complété les façons.

« Au commencement de juin, nous n'avons pas tardé à nous apercevoir de la tendance à monter que manifestait la moitié des betteraves; aussi nous nous sommes hâtés de refouler la séve par un pincement aussi rapproché que possible du collet. Cette opération, répétée aussitôt qu'il paraissait de nouvelles tiges, a eu un succès complet, et les betteraves, qui avaient eu d'abord cette funeste disposition, n'ont pas présenté de différence notable au moment de l'arrachage.

« Voici les résultats de la récolte, constatés sur quelques ares, dans différentes conditions :

Rendement de la betterave d'après la méthode Kœchlin.

DATE DE LA RÉCOLTE.	ÉTAT de L'EMBLAVURE.	SURFACE dont la récolte a été pesée.	NOMBRE de BETTERAVES.	POIDS SUR LA SURFACE observée.	POIDS par HECTARE.	POIDS MOYEN d'une BETTERAVE.
		m.		kil.	kil.	kil. gr.
24 sept.	Médiocre ; il existe 34 lacunes...	133	288	842	63,308	3, » »
18 oct.	Médiocre ; il existe 26 lacunes...	100	210	933	93,300	4,443
18 oct.	Très - satisfaisant ; pas de lacunes..	100	236	1,503	151,000	6,393

« Des betteraves cultivées dans le même champ, dans les mêmes conditions de fumure, par la méthode du semis sur place, ont produit 50,000 kil. à l'hectare.

« On peut tirer du tableau et des faits précédents les conclusions suivantes :

« 1º La betterave, repiquée dans les mois de mars et avril, peut résister, dans certaines circonstances, à un abaissement de température de 4 degrés au-dessous de zéro.

« 2º Elle prend son principal développement dans les derniers temps de sa végétation. En effet, si l'on compare la récolte du 24 septembre à celle du 18 octobre, dans des conditions identiques, on reconnaît que le poids de la racine a doublé dans les vingt-quatre derniers jours.

« 3º La méthode Kœchlin donne des produits

qui peuvent s'élever jusqu'au triple de ceux que fournit la méthode ordinaire du semis sur place.

« 4° Un pincement fait avec intelligence et suffisamment répété peut atténuer et même faire disparaître complétement la perte qui résulterait de la disposition à monter à graine. »

La seule conséquence que nous tirerons de cette observation intéressante consistera dans la nécessité absolue de donner à la betterave la plus longue végétation possible, si l'on veut en obtenir de bons résultats. Pour cela, le semis sur couche en janvier ou février, et le repiquage en avril ou mai, d'après la méthode de M. Kœchlin, nous paraissent fort convenables, mais ce ne peut être que pour une petite exploitation. En effet, il serait impossible de pratiquer ce moyen si l'on avait besoin de plant pour plusieurs hectares.

Nous prendrons donc pour point de départ le conseil suivant : *Semez le plus tôt possible, d'après la température de votre localité, quelle que soit d'ailleurs la méthode de votre choix.*

Il y a deux modes de culture pour la betterave : on emploie le *semis sur place,* ou bien le *semis en pépinière et la transplantation.*

Si l'on sème à demeure, il est évident que, dans beaucoup d'années, on ne pourra pas obtenir les avantages d'une longue végétation, et que l'on perdra nécessairement beaucoup de temps par la crainte des derniers froids, auxquels la betterave est fort sensible.

Cependant, nous ne prétendons pas qu'on doive rejeter complétement la méthode des *semis à demeure ;* nous la considérons, au contraire, comme la meilleure, quand elle est pratiquée de bonne heure et dans les circonstances que nous indiquerons. Il faut avouer que le semis en pépinière et la transplantation offrent certains avantages dans d'autres cas, et que souvent elle est préférable. Nous allons donc exposer les deux méthodes, afin d'être aussi complet que possible et de n'avoir aucune négligence à nous reprocher.

Préparation de la graine.

On peut préparer la semence au préalable par différents moyens, dont nous allons citer les principaux. Les graines de betterave, rugueuses, à coques épaisses, présentant un *épicarpe* fort résistant, germeraient avec difficulté si on ne les soumettait pas à l'action ramollissante de certaines préparations.

Dans un traité de la culture de la betterave, publié par la Société industrielle de Hanovre et traduit de l'allemand par M. Sarrazin, nous trouvons sur cet objet quelques observations dignes d'intérêt et que nous croyons utile de faire connaître à nos lecteurs.

« Pour que la semence germe plus promptement, on la fait tremper pendant environ quarante-huit heures dans du jus de fumier étendu avec une pareille quantité d'eau. On peut, après cette opération, la mêler avec des cendres qu'on fait ensuite passer dans un crible, la mettre dans un sac sans la serrer et la déposer dans une cave jusqu'à ce que le terrain soit préparé et que le temps soit favorable pour les semailles. Elle se garde ainsi, au besoin, jusqu'à quinze jours ; mais il faut la faire sécher à l'air avant de l'employer, pour que les grains ne tiennent pas ensemble.

« Quelques personnes font germer les semences en les mêlant avec du sable ; mais les germes sont sujets à être endommagés par l'ensemencement, surtout quand on dépose successivement chaque grain dans la place que doit occuper la plante. D'autres ne leur font subir aucune de ces préparations, parce que les froids qui surviennent souvent après les semailles nuisent aux plantes qui ont levé trop tôt, tandis que celles dont la germination n'a été accélérée par aucun moyen artificiel deviennent plus vigoureuses quand le temps leur est favorable. On prétend aussi que le jus de fumier engendre les vers et le chaudepied.

« En France, on arrose la semence avec de l'eau jusqu'à ce que la main se mouille en en serrant une poignée. Ensuite on la met en tas de six pouces de hauteur et on la laisse en cet état jusqu'à ce qu'il s'y manifeste un peu de chaleur, après quoi on procède à l'ensemencement. Plusieurs recommandent de mettre les graines pendant vingt-quatre à trente heures dans l'eau de chaux claire, sans les faire échauffer. D'autres font dissoudre quatre à cinq livres de chlorure de chaux dans deux cents livres d'eau.

et y font amollir cent livres de semence pendant vingt-quatre à trente heures. »

« Crespel fait amollir la semence dans de l'eau chaude et la sèche en la mêlant avec de la chaux en poudre. Il prétend que ce procédé garantit la betterave des insectes. »

Le procédé suivant présente sur ceux qui viennent d'être indiqués un avantage incontestable : il prévient ou arrête cette funeste maladie des betteraves si bien indiquée par M. Payen (dans la *Bibliothèque des chemins de fer*), auquel nous empruntons du reste, plus loin, un passage intéressant. Cette maladie paraît être due à une variété particulière de champignon parasite analogue à celui qui attaque la pomme de terre. Le moyen que nous conseillons nous ayant complétement réussi pour combattre l'affection de ces dernières, nous avons cru devoir l'essayer sur la betterave, et, cette année encore, nous nous proposons de continuer la série de nos expérimentations à ce sujet.

On prend 1 kilogramme de chaux vive pulvérisée, autant de soufre en canon également pulvérisé ; on dispose ces deux substances par couches alternatives de 20 à 25 millimètres d'épaisseur dans un vase en fer, en ayant soin de commencer par le soufre et de finir par la chaux. On fait chauffer ensuite le mélange, jusqu'à ce que le soufre soit en liquéfaction complète ; on agite et l'on mêle intimement. Il faut alors retirer du feu et verser dans la matière 5 litres de lessive très-forte de cendres de bois, en agitant soigneusement. Il se forme une solution très-chargée d'une espèce de sulfure double de chaux et de potasse, que l'on passe à travers un gros linge, avec expression. En étendant le liquide obtenu dans 150 à 200 fois son volume d'eau, on a une liqueur éminemment propre à faire subir aux pommes de terre et à la graine de betterave une sorte de chaulage qui hâte les progrès de la végétation, s'oppose à celle des plantes parasites, et arrête les ravages occasionnés par la plupart des animaux nuisibles.

Cette même préparation, un peu plus étendue d'eau, est très-utile pour l'arrosement des plantes et touffes malades ; les principes alcalins qu'elle contient, étant solubles, sont immédiatement absorbés pour la nutrition de la plante. Elle nous a réussi de la manière la plus complète pour la destruction de l'*oïdium de la vigne* (l'*oïdium Tuckerii*), dont nous n'avons pas, du reste, à nous occuper ici.

Nous croyons devoir citer, à l'appui de notre manière de voir, les observations de M. Payen, dont nous parlions tout à l'heure :

« La méthode générale d'amélioration du sol, dans les localités atteintes, devant consister dans une aération plus complète à une plus grande profondeur, elle pourrait être réalisée pour certaines terres à l'aide de défonçages énergiques ou bien par la culture en ados.

« Parmi les ustensiles aratoires qui se prêteraient le mieux à une aération de la terre se trouvent les charrues *fouilleuses* ou *sous-sol* et peut-être mieux encore la nouvelle *défonceuse Guibal.*

« Cet ustensile ingénieux, qui représente en quelque sorte une double série de fortes dents de fourche fixées sur une monture circulaire semblable à une très-large roue de charrette, pénètre et divise le sol à une profondeur de 35 à 40 centimètres. Si donc on le faisait agir au fond des raies d'une charrue ordinaire, on pourrait atteindre et aérer la couche de terre jusqu'à 60 et même 70 centimètres de profondeur.

« Toutefois, ce puissant défonçage serait insuffisant, sans doute, dans les terrains trop compactes, qui retiennent l'eau et sont susceptibles de se tasser promptement après les labours.

« On pourrait, dans ce cas, avoir recours à un moyen plus radical, en plaçant, à 1 mètre 33 ou 1 mètre 50 centimètres de profondeur, des tubes de drainage qui aboutiraient tous vers la partie la plus déclive du terrain à un tube plus large, récepteur des eaux, et, vers la partie la plus haute, à un deuxième tube récepteur qui faciliterait l'introduction de l'air atmosphérique sous les racines. (Voyez cette disposition indiquée avec les détails relatifs au drainage, dans le *Précis d'agriculture* de MM. Payen et Richard.)

« Ces deux effets d'égouttage des eaux en excès et l'introduction de l'air à une profondeur dépassant un mètre, contribueraient à rendre la terre plus perméable aux radicelles, tout en réalisant une condi-

tion indispensable de leur développement : l'introduction de l'air, qui favorise aussi la désagrégation
et la fermentation utile des engrais.

« La végétation, devenue dès lors plus active,
donnerait aux betteraves la vigueur nécessaire pour
leur permettre de résister aux différentes causes
d'altération qui, chaque année, diminuent les récoltes et appauvrissent dans les racines la sécrétion
sucrée.

« On soutiendrait cette vigueur de la végétation
en adoptant un assolement qui ne ramènerait que
tous les cinq ans la culture des betteraves dans un
même champ.

« Parmi les moyens qu'il conviendrait d'essayer
comparativement, dans la vue d'assurer et de compléter les bons résultats des labours profonds, du
drainage et d'un assolement élargi, nous rappellerons ceux-ci :

« 1° L'usage adopté généralement, avec un grand
succès, aux environs de Magdebourg, d'*appliquer les
fumures au moins une année d'avance sur d'autres cultures*, afin que la betterave trouve dans le sol des
engrais plus consommés, moins actifs, exigeant
moins d'oxygène dans un temps égal pour fermenter,
et dégageant *moins d'acide carbonique;*

« 2° Le repiquage, en coupant le bout du pivot, du
moins sur les terres dans lesquelles les moyens d'aération n'auraient pu être pratiqués à temps pour
rendre le sol fertile jusqu'à la profondeur que les racines pivotantes doivent atteindre ;

2.

« 3º On pourrait essayer encore, comparativement, de renouveler ou d'échanger les graines,
comme on le fait utilement pour d'autres plantes ;

« 4º L'essai comparé d'un chaulage énergique dans
les terrains bien défoncés conduirait peut-être à découvrir le moyen de combattre la maladie dans les
terres où elle a laissé les germes d'une nouvelle in-
vasion ; en tous cas, ce chaulage ne pourrait qu'être
favorable à la végétation dans les terres sablo-argi-
leuses, généralement trop pauvres en calcaire, des
localités où le mal sévit encore ;

« 5° *Enfin, l'addition des vinasses aux fumures, ou
d'engrais salins de potasse et de chaux, capables de
restituer les bases enlevées au terrain par la végétation
des betteraves.*

« On ne doit pas cependant oublier que le défaut
de bases alcalines n'est qu'un fait exceptionnel ;
qu'au contraire un grand nombre de terrains en
France contiennent des sels ou composés alcalins (de
soude ou de *potasse)* en trop fortes proportions pour
que la culture de la betterave y donne des racines
abondantes en sucre et faciles à traiter. J'ai eu l'oc-
casion de signaler, il y a longtemps déjà, des terrains de cette nature *(aux environs de Naples)* où la
proportion des sels, parmi lesquels l'*azotate de potasse* dominait, était presque égale à la proportion,
faible d'ailleurs, du sucre pur ; dans ce cas, il est
impossible d'extraire ce dernier avec profit.

« Quelques terres emblavées depuis peu de temps
en betteraves ou vierges de cette culture se rencon-

trent encore sur quelques points du département du Nord et donnent des betteraves assez volumineuses, mais pauvres en sucre, en offrant des tissus saccharifères (ceux qui entourent les vaisseaux) peu développés. De semblables matières premières embarrassent beaucoup parfois les établissements récemment formés, et peuvent entraver complétement leur marche.

« Dans chaque localité, on devrait donc s'assurer par une culture préalable et par des essais, ou par des analyses sur les récoltes, de la qualité moyenne des betteraves que l'on pourrait obtenir. Si, dans les racines récoltées, les sels alcalins étaient trop abondants, il faudrait ou s'abstenir de fonder l'établissement, ou cultiver pendant plusieurs années sur ce fonds des plantes avides de sels de cette nature, telles que les pommes de terre, les betteraves à vache, le colza, etc., avant d'y introduire la culture des betteraves destinées à fournir la matière première à des fabriques de sucre. »

Assurément, ces remarques de M. Payen sont justes et vraies ; cependant, il nous semble qu'il est en contradiction avec les faits observés, lorsqu'il conseille d'adopter un assolement qui ne ramènerait la culture des betteraves dans un même champ que tous les cinq ans. Que ce conseil soit utile, peut-être à titre de moyen curatif contre l'affection des betteraves, nous ne le contestons pas ; mais, au point de vue agricole de l'assolement et de la rotation, il est parfaitement constaté que, pendant plusieurs années, quelquefois même dix à douze ans, on a vu prospérer des betteraves dans le même champ. Nous sommes loin, d'ailleurs, de vouloir faire de ceci une règle générale, et nous reviendrons sur ce sujet un peu plus loin en parlant de l'assolement.

Quand le sol est convenablement préparé, que l'on a fait subir à la graine le chaulage dont nous avons parlé, il ne s'agit plus que d'opérer l'ensemencement, soit qu'on sème sur place ou en pépinière.

Semis sur place.

Le semis sur place se fait à la volée ou en ligne ; mais la première de ces deux méthodes présente tant d'inconvénients de toute nature, qu'à moins d'impossibilité absolue de faire autrement, un cultivateur intelligent ne doit jamais l'admettre.

Nous avons cependant remarqué, dans quelques départements essentiellement agricoles, que l'on rencontre parfois des semeurs assez habiles pour être presque sûrs de leur main ; mais ce fait est tellement rare que l'on ne peut guère y compter, et en agriculture, plus encore que partout ailleurs, il faut employer seulement les moyens les plus sûrs. On emploie environ 12 kilogrammes de graine par hectare dans le semis à la volée. Nous allons maintenant décrire les différentes opérations du *semis sur place, en lignes,* qui est le procédé auquel nous donnerons la préférence, toutes les fois qu'on peut l'employer de *très-bonne heure.* D'après les observations faites par M. Minangoin sur la méthode Kœchlin, il est incontestable qu'il y a tout avantage à procurer à la betterave une longue végétation, et nous ne comprenons pas comment certains agronomes peuvent conseiller les semis tardifs. Pour nous, nous ne voudrions par retarder l'ensemencement sur place au delà de la fin d'avril au plus tard, quand une température moyenne et un sol suffisamment préparé le permettent. Cependant, il faut convenir d'une vérité pratique, qui est que, si l'on sème trop tôt, la graine est arrêtée dans sa germination par les derniers froids ; mais, si l'on sème trop tard, on s'expose à reculer l'époque de la récolte et à la rendre beaucoup moins fructueuse sous l'empire de la sécheresse.

C'est donc à la sagacité du cultivateur, à sa connaissance du sol que l'on doit en appeler pour que cette opération de l'ensemencement sur place se fasse à l'époque convenable. L'avantage le plus considérable qu'elle présente est celui de ne pas arrêter la végétation, comme cela a lieu dans la transplantation, et, en outre, de ne pas rompre le pivot des betteraves. Nous lisons à ce sujet dans le travail déjà cité de la Société industrielle de Hanovre, dont les idées sont à cet égard parfaitement d'accord avec les nôtres, que, pour que le procédé auquel nous accordons la préférence présente de véritables avantages, il faut que la terre soit bien ameublie et parfaitement nettoyée, sans quoi les jeunes plantes la pénétreraient difficilement ou seraient dépassées par les mauvaises herbes, dont l'arrachement, lorsque le semis commencerait à lever, présenterait de grandes difficultés.

Elle ajoute : « Il est d'autant plus nécessaire d'employer cette méthode pour les betteraves destinées à la fabrication du sucre *(et par conséquent à la fabrication de l'alcool)*, que celles qui ont été transplantées n'ont pas ordinairement de pivot, mais plusieurs racines latérales : ce procédé, *surtout lorsque l'ensemencement a lieu de bonne heure*, donne aussi à la plante plus de temps pour se développer et attirer les sucs propres à former la matière saccharine. Le terrain destiné à produire les betteraves pour la fabrication du sucre, ne devant pas être fraîchement fumé, sera moins sujet à se remplir de mauvaises herbes, et, par conséquent, plus tôt en état de recevoir les semences. »

Le semis en lignes ou en rayons n'exige guère plus de 6 kilogrammes de graine par hectare, c'est-à-dire environ moitié moins que dans le semis à la volée. Voici la méthode indiquée par les auteurs de la *Maison rustique :* « On trace sur le sol bien préparé, à l'aide d'un rayonneur pourvu de socs distants les uns des autres de 1 pied et demi à 2 pieds et demi, de petits sillons parfaitement droits et parallèles entre eux, qui doivent avoir environ 2 pouces de profondeur ; des femmes suivent l'instrument et déposent les graines dans les rayons, au nombre de trois ou quatre par chaque pied de longueur dans la ligne ; chacune d'elles peut en répandre de la sorte environ sept mille par jour. Dans la petite culture, où tous les binages devront avoir lieu à la main, 18 pouces entre les lignes, et même de 12 à 15 dans les terres maigres, suffisent, et l'on peut mettre trois ou quatre graines par touffe, à chaque longueur de 9 à 15 pouces, ce qui offre l'avantage de garnir le champ d'une manière plus égale.

« *L'emploi d'un semoir* pourvu de pieds rayonneurs et suivi d'une chaîne, d'un râteau ou rouleau, comme il en existe plusieurs, notamment celui de M. Hugues, serait encore plus convenable et plus économique pour cette opération. Dans l'usage de toute espèce de semoir, la graine de betterave coulant très-difficilement, à cause de sa légèreté et de ses aspérités, il est essentiel de n'employer que de la semence préalablement nettoyée et exempte de tout corps étranger.

« C'est pour remédier à cet inconvénient que M. Chartier a fait connaître tout récemment qu'*il pile les graines* dans une sébile de bois, puis les crible et pile de nouveau jusqu'à ce qu'elles soient débarrassées des aspérités et qu'on n'en trouve plus que très-peu adhérentes les unes aux autres ; une livre de graine ainsi nettoyée perd environ un tiers de son poids. Par cette méthode, on évite le dépôt et la germination de trois ou quatre graines à la même place, et, conséquemment, la nécessité de faire enlever à la main les plants surabondants ; opération coûteuse, minutieuse et qui n'est pas sans inconvénients ; en plaçant les rayons à une distance de 2 pieds et la graine à 10 à 11 pouces sur les lignes, le kilogramme contenant de quarante à cinquante mille graines, il faudrait, par la méthode ordinaire, environ 3 kilogrammes par hectare ; tandis qu'après les avoir pilées 2 suffisent ; il y a donc ainsi économie de main-d'œuvre et de graines. Par là, on facilite aussi beaucoup l'emploi des semoirs.

« C'est à cause du même inconvénient que M. de Dombasle recommande particulièrement, pour la semaille des betteraves, *le semoir à brosses et à la brouette,* avec lequel on n'a pas à craindre les interruptions dans la chute de la graine, dont il est difficile de s'apercevoir dans les grands semoirs, qui ont l'inconvénient de laisser des lignes entières non semées. La brosse ne doit être serrée que très-légèrement.

« *Lorsqu'on n'a ni rayonneur, ni semoir,* on peut, comme dans le Palatinat, mettre à la suite de la charrue deux personnes, dont l'une pratique avec la main ou avec un bâton un petit enfoncement dans la bande retournée, et dont l'autre dépose dans ce creux les graines de betteraves et les recouvre ; on fait ensuite passer un rouleau.

« *Dans les terres humides,* on fait, à l'aide du buttoir, des sillons espacés de 2 pieds environ, et c'est sur la crête de ces sillons qu'on place les graines.

« Dans le département du Nord, *la semaille à la houe* est la plus usitée ; un cordeau, tendu au moyen de deux piquets, guide un ouvrier qui, faisant entrer un des angles d'une petite houe dans la terre, pratique une raie de quelques pouces de profondeur, et ainsi de suite. Une femme suit et dépose dans la première ligne les graines qu'elle prend d'une main dans un panier, les répartit également en faisant constamment jouer le pouce sur les doigts ; une seconde femme recouvre les graines, en promenant alternativement les deux pieds sur la raie. L'homme et la première femme doivent marcher en sens contraire, afin qu'arrivant en même temps aux deux extrémités du champ, ils puissent ôter ensemble les piquets du cordeau et les reporter à la ligne suivante. »

Semis en pépinière.

Nous voici arrivé au second mode de culture de la betterave, à la culture en pépinière, seule convenable lorsqu'on ne peut pas espérer les avantages d'une longue végétation par la culture sur place en rayons. Si nous n'avons pas parlé de l'éclaircissage du plant en indiquant les modes de culture sur place, tant à la volée qu'en lignes, c'est parce que ce travail, ne se faisant que lors du premier sarclage, nous préférons n'en parler qu'en décrivant cette opération. Nous ferons cependant observer qu'un cultivateur intelligent et sérieux doit profiter de tous ses avantages, et que, s'il a pu parvenir à semer de bonne heure sur place en lignes ou autrement, il se souviendra de conserver pour la transplantation tous les plants provenant de l'éclaircissement. On peut calculer, dans ce cas, que 1 hectare fournit à la plantation de 3 autres, tout en conservant la quantité qui lui est nécessaire.

Dans le semis en pépinière, il faut choisir une terre extrêmement bien préparée et très-féconde en principes nutritifs ; la terre de jardin, de chenevière, en un mot, un excellent sol est nécessaire dans cette méthode. On peut même, dans ce cas, fumer la pépinière, parce que l'influence du fumier ne se fera sentir que sur les jeunes plants, qu'elle fera grossir rapidement, sans cependant pouvoir agir sur la proportion de matière sucrée. Nous pensons avec la Société industrielle de Hanovre, dont nous avons déjà cité le travail, que l'endroit le plus convenable pour cet objet, surtout quand on ne cultive pas la betterave en grand, est un carreau de jardin bien exposé à l'air et au soleil, à l'abri des vents du nord et de l'est, et soigneusement cultivé en automne et au printemps. L'engrais frais rendant les plantes délicates, quand on les transporte dans un sol de qualité inférieure, une fumure ancienne et cependant énergique lui est préférable, quoique plusieurs agriculteurs de notre pays soutiennent le contraire. Si un jardin ne suffit pas pour la production des jeunes plantes, il faut y consacrer environ la quinzième partie des terres destinées à la culture des betteraves, en choisissant pour cela les plus fertiles.

Le meilleur moment pour opérer le semis en pépinière est le commencement du printemps ou plutôt la fin de mars et le commencement du mois d'avril, selon la température : on sème à la *volée* ou en *lignes*, et on emploie de 30 à 40 kilogrammes par hectare. Si l'on sème en rayons, ce qui vaut infiniment mieux, on écartera les rayons de 20 à 25 centimètres au plus.

Les uns exigent que l'on consacre à la pépinière la quinzième partie des terres à betteraves, les autres la dixième : nous croyons que cette dernière quantité est trop forte et qu'un hectare de pépinière peut fournir du plant pour 12 à 15 autres ; c'est sur cette donnée qu'il faudrait se baser.

Aussitôt que le plant porte trois ou quatre feuilles, il convient de le sarcler, en s'arrangeant pour qu'il y ait 1 pouce à 1 pouce et demi de distance entre deux. Au bout de quinze jours, on renouvelle le sarclage avec la houe. Il ne faut arroser qu'avec beaucoup de réserve, car un arrosement en exige d'autres et leur fréquente répétition durcit le terrain. (*Société industrielle de Hanovre.*)

Transplantation.

Vers la fin de mai, lorsque les jeunes racines ont acquis au collet la grosseur du petit doigt, il s'agit de procéder à la transplantation, pour laquelle il faut autant que possible profiter d'un temps pluvieux et humide, sans quoi on serait obligé de pratiquer des arrosements soit avec l'eau, le purin, ou, mieux encore, avec la solution alcaline que nous avons indiquée, en l'étendant de deux cent cinquante à trois cents fois son poids d'eau. En arrachant les jeunes plantes, la première règle qu'on doit suivre est de conserver autant que possible le pivot, malgré l'opinion de **M. Payen**, qui prétend trouver dans le retranchement de ce pivot un remède à la maladie. En tout cas, si on le retranche, on ne doit en quelque façon que le rafraîchir par le bout. Il convient ensuite de couper les feuilles à 8 ou 10 centimètres du collet, en ménageant avec soin celles du cœur. Les feuilles extérieures, que l'on retranche, mourraient toutes après la transplantation, et, en outre, s'opposeraient à la reprise du jeune plant, qu'elles priveraient de sucs nutritifs. On a dû conserver dans la pépinière le nombre de plants nécessaire pour la bien garnir, en gardant entre eux un intervalle de 25 centimètres en tous sens, si l'on a semé à la volée. Si, au contraire, on a semé en lignes, il conviendra d'arracher complétement le premier rayon, puis d'enlever dans le second la plus grande partie du plant, de manière à laisser entre les pieds restants la distance normale de 20 à 25 centimètres ; on arrache ensuite complétement le troisième rayon ; puis on agit pour le quatrième comme on a fait pour le second, et ainsi de suite.

Les plants de repiquage, préparés, comme nous l'avons dit, par le retranchement des feuilles extérieures et le pincement du pivot, *s'il y a lieu*, peuvent être conservés pendant plusieurs jours, en attendant la transplantation, si on les met la tête en haut, dans un baquet rempli d'un mélange de terre et de la solution alcaline dont nous avons parlé. C'est à l'aide de ce baquet qu'on les transporte sur le champ, au lieu où on doit les repiquer.

On connaît bien des méthodes de repiquage ; nous allons en dire un mot, en nous arrêtant toutefois un peu plus longuement à celle à laquelle nous donnons la préférence. On plante au plantoir, à la bêche ou à la charrue. La plantation au *plantoir* se fait en pratiquant un trou, à l'aide de cet instrument, le long de la ligne tracée à la distance convenable ; un ouvrier est chargé de ce soin, il place dans ce trou un plant contre lequel il resserre la terre, soit avec le pied, soit avec le plantoir même.

La plantation à la *bêche* exige le concours de deux ouvriers, dont l'un enfonce une bêche dans la terre et la pousse en avant de manière à former une ouverture, dans laquelle un autre ouvrier ou même un enfant glisse la plante. Le premier laisse tomber la terre et la presse du pied avec précaution contre la racine. Cette méthode est préférable à la précédente en ce qu'elle est plus expéditive et donne plus de facilité pour mettre la racine dans la terre et lui faire prendre une position convenable. *(Société industrielle de Hanovre.)*

La plantation à la *charrue* est, de toutes, la plus prompte et celle qui, lorsqu'elle est faite avec intelligence, donne le plus de facilité. Voici la manière la plus régulière de la pratiquer dans un champ, que nous supposons toujours convenablement préparé. Deux charrues sont nécessaires si l'on ne veut pas faire chômer les planteurs, et si la pièce de terre était très-vaste, on pourrait en employer plusieurs couples. La première retourne une bande de terre ;

elle est suivie par le planteur, qui dépose contre cette bande les plants de betterave à la distance d'environ 25 centimètres. La seconde charrue vient ensuite et retourne la bande voisine, qui renferme dans la terre les racines des plants déposés. On a eu la précaution de laisser dépasser le collet, afin que la plante ne soit pas entièrement enfouie.

On peut encore planter les betteraves sur des *ados* formés de deux bandes retournées l'une contre l'autre ; dans ce cas, il faut se servir du plantoir. Cette méthode, dont l'idée appartient à **M.** de Valcourt, est excellente, en ce sens qu'elle donne plus de profondeur à la couche de terre meuble dans laquelle doivent pénétrer les racines.

Si le temps est sec, il conviendra de favoriser la reprise par un *léger* arrosement, qu'on fera de préférence avec notre *solution alcaline* étendue de trois cents fois son poids d'eau ; mais, en général, il faut, autant que possible, éviter les arrosements, et, pour cela, on transplante par un temps humide ou avant la pluie si on peut la prévoir.

Sarclages. — Eclaircissage.

Si l'on a semé à demeure, il faut donner un *sarclage* à la *serfouette* ou *binette*, dès que le plant a trois ou quatre feuilles : c'est aussi à l'époque de ce sarclage que l'on doit éclaircir le plant, si l'on n'a pas de transplantation à faire. Dans le cas contraire, on ne fera cet éclaircissage que lors du second sarclage, lequel a lieu trois semaines plus tard ; il se fait à la *houe* ou même au *sarcloir* ou à la *houe à cheval*, selon que le semis a été fait à la volée ou en lignes.

Ces deux premiers sont de la plus haute importance, et aucune plante, assure M. DE DOMBASLE, ne souffre autant que la betterave du retard ou de la négligence apportée dans le premier sarclage ou dans ceux qui doivent le suivre. A cette pensée de l'illustre agronome, nous n'avons rien à ajouter, et nous ne pouvons que dire, avec la *Maison rustique*, que la belle venue des racines obtenues par de nombreux remuements de la terre démontre qu'il n'y a pas de plus fausse économie que celle qui porte sur les soins de propreté et d'entretien.

Quand les plants repiqués sont bien repris, on leur donne un bon binage d'entretien ; ce premier binage assure la prospérité du plant et garantit presque la récolte.

Nous considérons ces détails de culture comme si sérieux et si graves que nous croyons devoir transcrire ici les opinions de la Société de Hanovre sur ces divers objets, ainsi que sur le buttage, tant contesté, sur la récolte et l'arrachage, la conservation, l'assolement et la rotation. Nous devons avouer que *nulle part* nous n'avons rencontré de préceptes aussi sages. Nous terminerons ce chapitre si étendu par divers comptes de prix de revient établis par plusieurs auteurs. Nous citons textuellement, en n'omettant que les détails non relatifs à notre objet.

« Il est à observer, en général, qu'un champ de

betteraves doit recevoir le nombre de sarclages et de houages nécessaires pour le nettoyer des mauvaises herbes et ameublir la couche superficielle, afin que l'air puisse y pénétrer, c'est-à-dire ordinairement deux ou trois, qui ne doivent jamais être différés trop longtemps. Ils sont indispensables jusqu'à ce que les feuilles des betteraves, couvrant entièrement le sol, étouffent les plantes qui nuisent à leur végé-tation. Un temps sec est le plus convenable pour le houage. Le sarclage, au contraire, est plus facile après la pluie, surtout dans un terrain compacte. Un houage profond aurait, pour les terres sablonneuses, l'inconvénient de les exposer à se dessécher trop promptement.

« Le champ dans lequel on a placé la semence à demeure, n'ayant pas été labouré aussi tard que celui où l'on a transplanté les betteraves, doit ordinaire-ment être houé ou nettoyé une fois de plus. On le nettoie d'abord en éclaircissant les jeunes plantes.

« Chaque grain de semence pouvant produire plu-sieurs betteraves, tandis qu'il ne doit en rester qu'une seule à chaque place, il faut enlever les autres aussitôt qu'on le pourra, et au plus tard quand elles auront atteint la longueur du petit doigt, de crainte que, si elles étaient plus fortes, on n'arrachât en même temps celles qu'on a l'intention de laisser sub-sister. A moins qu'on ne veuille employer ces plantes superflues à remplir les places vides, le meilleur moyen de les détruire est de couper la racine dans la terre, avec un couteau, assez bas pour la faire périr.

« Il faut en même temps débarrasser le champ, au moyen d'une houe à main, des mauvaises herbes qui commencent à paraître ; mais l'instrument doit pénétrer au plus à un pouce de profondeur, pour ne pas soulever les jeunes plantes. Les houages suivants auront, si le sol le permet, de 2 à 3 pouces de profondeur.

« Les champs où l'on a planté des betteraves sont ordinairement houés pour la première fois quand les plantes dépassent un peu la longueur du doigt.

« Quand on cultive les betteraves en grand et qu'elles sont disposées en lignes droites, on peut se servir, pour abréger le travail, de la houe à cheval, pourvue d'un fer plat ou cintré. Ce fer doit être assez étroit pour ne pas endommager les plantes, et cependant assez large pour atteindre le but qu'on se propose en l'employant. On peut houer ainsi près d'un hectare par jour, mais il faut arracher les mauvaises herbes qui sont trop rapprochées des plantes.

« Le buttage est-il utile aux betteraves ? Il n'est pas de question sur laquelle les agriculteurs de notre pays soient moins d'accord. Ceux-ci le regardent comme indifférent, ceux-là comme avantageux et d'autres comme nuisible. Plusieurs même prétendent que les betteraves qui croissent en grande partie hors de terre doivent être entourées d'un creux en forme de chaudron, pour qu'elles se développent

3.

davantage au-dessus du sol et attirent plus d'humidité.

« Il est certain que le buttage ne convient point aux betteraves destinées à servir de nourriture au bétail, et surtout à celles qui croissent hors de terre, puisqu'il leur enlève l'affluence de l'humidité ; mais il est, au contraire, avantageux pour celles qu'on veut employer à la fabrication du sucre ; car il contribue à rendre leur partie supérieure plus riche en matière saccharine. Il peut aussi fournir un moyen de remédier au défaut de profondeur de la couche végétale, en réunissant autour de la plante une quantité de terre dont autrement elle n'aurait pa profité.

« On ne doit effeuiller les betteraves destinées à la fabrication du sucre qu'une huitaine de jours avant la récolte ; car la privation de leurs feuilles, les exposant à toutes les ardeurs du soleil, ne permettrait pas à la racine d'acquérir la régularité de forme désirable et d'élaborer convenablement la matière saccharine. On peut néanmoins, dans le cas d'un pressant besoin de fourrage, enlever un peu plus tôt les feuilles dont les côtes commencent à se flétrir.

« *Récolte. — Arrachage.*

« Quand les feuilles inférieures des betteraves se colorent fortement en jaune, se frisent et penchent vers la terre, ce qui arrive ordinairement à la fin de septembre et au commencement d'octobre, on reconnaît à ces signes que les racines ont acquis tout leur développement. Il n'est cependant pas nécessaire de hâter la récolte, les froids au-dessous de 4 degrés Réaumur (1) étant peu à craindre pour la racine, surtout quand elle croît entièrement dans la terre. On prétend même que, pendant les dernières semaines, elle gagne encore en matière saccharine. Il suffit donc que la récolte soit terminée au commencement de novembre ; il vaut mieux, néanmoins, la faire du 10 au 20 octobre.

« On doit choisir, pour séparer la betterave de la terre, un temps bien sec, l'humidité la rendant sujette à pourrir. On peut l'arracher de différentes manières ; voici le procédé en usage dans notre pays :

« On enlève d'abord la fane en la coupant, ou, ce qui vaut mieux, en la tordant. On peut faire cette opération successivement et la commencer plusieurs jours à l'avance, afin d'avoir le temps d'employer les feuilles à la nourriture du bétail, et pour que les têtes des betteraves aient le temps de sécher. L'enlèvement de la fane au moyen d'un instrument tranchant est surtout nuisible quand la betterave doit rester encore quelque temps dans la terre, car il la rend sujette à se ratatiner à l'endroit de la coupure et plus sensible à la gelée.

« Si les betteraves sortent beaucoup de terre ou

---

(1) Expression peu claire ; il faut comprendre que la betterave souffre peu quand le thermomètre ne descend pas au-dessous de 4o Réaumur ou 5o centigrades.   N. B.

que le sol soit léger, on les tire avec la main et l'on frappe doucement deux racines l'une contre l'autre pour faire tomber la terre qui y est attachée. Mais, si elles tiennent trop au sol, il faut les en séparer au moyen d'une bêche ou d'un autre instrument.

« Pour accélérer le travail, on peut mettre en lignes les betteraves arrachées, en tournant toujours la fane d'un même côté, après quoi un ouvrier exercé enlève, avec une bêche bien tranchante, la fane et l'extrémité supérieure de la racine. Plus la coupure est petite, moins la betterave est sujette à la pourriture. Si l'on est obligé d'employer la bêche pour tirer les betteraves et qu'en même temps on veuille enlever la fane par la méthode que nous venons d'indiquer, il faut toujours que deux ouvriers travaillent ensemble. Le plus fort arrache les plantes et l'autre les prend par les feuilles pour les placer en lignes.

« En Bohême, on arrache les betteraves avec la charrue, puis on les dispose par rangées et l'on coupe la fane au moyen d'une faucille. En France, on a renoncé à cette méthode, parce qu'on a trouvé que la charrue et les pieds des chevaux endommageaient trop les racines.

« Il faut surtout prendre garde de meurtrir les betteraves en les frappant l'une contre l'autre pour en séparer la terre, la moindre lésion les exposant à la pourriture. On doit donc bien se garder d'en retrancher les racines chevelues. Quand les betteraves ont crû dans un sol meuble et léger, le chargement et le déchargement détachent une grande partie de la terre qui tient à ces radicules; et, si l'on veut les employer comme fourrage, on peut faire tomber le reste avant de les donner au bétail; elles seront alors assez propres pour ne lui faire aucun mal. Celles qu'on destine à la fabrication du sucre doivent être nettoyées avec plus de soin avant la manipulation. Si les betteraves ont été cultivées dans un terrain compacte, il est indispensable d'en séparer la terre qui s'y est attachée en grande quantité et qui pourrait nuire à leur conservation en développant leur faculté végétative; mais ce nettoiement exige beaucoup de précaution.

« On met les betteraves et la fane en tas séparés, et on les enlève du champ Lorsque le temps est beau et qu'on n'a pas de gelées à craindre, on y laisse les racines pendant quelques jours pour les faire sécher (1). Si l'on conserve la moindre inquiétude à l'égard de la gelée ou qu'on éprouve du retard faute de moyens de transport, on en forme des pyramides de 3 pieds de hauteur, que l'on couvre soigneusement avec des feuilles ou de la paille pour les garantir du froid, qui leur est très-pernicieux aussitôt qu'elles sont hors de terre.

------

(1) Les agriculteurs français ont appris, par l'expérience, que les betteraves qui restent exposées au soleil s'échauffent et entrent ensuite en fermentation dans les magasins où on les conserve. C'est pourquoi ils ont pris l'habitude de les couvrir de feuilles pendant les heures les plus chaudes de la journée et de les enlever le matin de bonne heure. (SCHUBARTH, p. 5.)

« Quelques agriculteurs font jeter sur la voiture les racines avec leurs feuilles, trouvant plus commode de les séparer et de nettoyer les premières à la maison. Mais alors les feuilles sont malpropres, s'échauffent facilement et deviennent ainsi moins profitables au bétail.

« Si les betteraves ne sont pas assez sèches lorsqu'on les enlève du champ, il faut les décharger d'abord dans un hangar bien aéré et où elles soient suffisamment garanties du froid. Là, on sépare, pour s'en servir de suite, les betteraves meurtries, creuses ou attaquées de la gelée, si on ne l'a pas déjà· fait dans le champ. On doit aussi, dans le même but, mettre de côté celles qui sont très-grosses, comme plus sujettes à la pourriture.

« *Conservation*.

« Il n'est pas facile de conserver longtemps les betteraves sans qu'elles perdent rien de leur qualité. La difficulté ne consiste·pas à les garantir du froid e de la lumière, mais à les tenir constamment dans une température telle qu'elles ne puissent ni pourrir ni développer leur force végétative.

« Les caves remplissent assez bien ces conditions quand elles sont sèches et peuvent être convenablement aérées, pourvu qu'on n'y introduise pas les betteraves par une trop grande chaleur. On les y dispose en tas de 6 pieds carrés, en laissant 1 pied et demi de distance entre eux et 2 pieds d'espace libre le long des murs, afin que les renouvellements de l'air remplissent complétement leur but et qu'on puisse aller partout en cas de pourriture. Le sol doit être couvert de sable sec qu'on aura soin de changer tous les ans. Quand la température est au-dessus du point de gelée, on ouvre chaque jour les soupiraux, mais on les ferme pour la nuit.

« Un procédé aussi bon, et même préférable, consiste à entasser les betteraves en plein air et à les couvrir ensuite de paille et de terre. La cave est alors réservée pour celles qu'on veut immédiatement employer. Il est bon que les tas ne soient pas trop gros, afin qu'on puisse, en hiver, par un temps doux, les rentrer successivement à mesure qu'on en a besoin. Les betteraves se conservent ainsi jusqu'au mois de mai sans rien perdre de leur qualité comme fourrage. Ces tas se font de deux manières différentes, que nous décrirons chacune en particulier, après avoir indiqué ce qui concerne en même temps l'une et l'autre.

« *Indications générales.* — On choisit, dans un jardin ou dans un champ, mais à peu de distance de la maison, un terrain sec, un peu élevé et abrité autant que possible du côté de l'est et du nord. On creuse la surface de 6 à 12 pouces de profondeur, on la bat et on la couvre d'un peu de paille.

« 1. *Dos d'âne.* — On entasse les betteraves avec soin, en forme de dos d'âne, sur une longueur quelconque, une hauteur de 3 à 4 pieds et une largeur de 4 à 6, de manière que les bouts, et non les côtés, soient exposés aux vents froids. On tourne ordinairement les racines en dehors ; cependant, quelques-uns croient qu'il vaut mieux les tourner en dedans. Ensuite on étend sur le tas une couche de 4 à 6 pouces de paille, qu'on fait descendre jusque dans le fossé pour que la terre qu'on doit mettre par dessus ne touche pas immédiatement les betteraves, et en même temps afin de les garantir des fortes gelées. On fera bien d'employer à cet usage de la paille qui ait été quelque temps devant les moutons, pour qu'elle n'attire pas les souris. On recouvre le tout, en commençant par le bas, de 6 à 12 pouces de terre, en la foulant et en la battant par couches, afin de la rendre imperméable à l'air. Pour que cette couverture soit plus solide, on peut la battre de nouveau après une pluie. Il est bon de ne la monter d'abord qu'à 1 pied de hauteur, afin que les betteraves aient le temps de se débarrasser, par l'évaporation, d'une grande partie des principes qui les rendent si sujettes à s'échauffer. On peut l'achever au bout de deux à trois semaines, en laissant de 3 pieds en 3 pieds, sur la longueur, des ouvertures que l'on bouche avec de la paille et que l'on couvre de fumier long aussitôt qu'on voit commencer les fortes gelées.

« 2. *Cônes.* — On choisit un espace circulaire d'environ 12 pieds de diamètre. On enfonce au milieu, mais de manière à pouvoir l'arracher sans peine, un pieu de 7 pieds, autour duquel on entasse les betteraves, en rétrécissant les couches à mesure que l'on monte ; de sorte que le tas présente enfin la forme d'un cône dont le pieu dépasse un peu le sommet, et qui contient environ 100 quintaux de betteraves. On le couvre ensuite de la manière indiquée ci-dessus, on enlève le pieu avec précaution et l'on bouche l'ouverture avec un tampon de paille qui puisse garantir les betteraves de la gelée sans empêcher l'évaporation.

« Tant que le froid ne dépasse pas 10 degrés Réaumur, les betteraves ainsi entassées n'ont rien à craindre ; mais si les gelées deviennent plus fortes, qu'il n'y ait pas de neige et que le vent du nord ou de l'est souffle avec violence, il est bon de les couvrir d'une couche mince de fumier long et d'en mettre même un peu plus à l'est et au nord, surtout vers le pied. Il faut enlever ce fumier aussitôt que le dégel commence.

« Si la conservation des betteraves est une chose importante dans tous les cas, elle l'est à plus forte raison pour celles qu'on destine à la fabrication du sucre. Il serait trop long de décrire ici les différentes méthodes qu'on a essayées ou qu'on pratique encore, en France et en Bohême, dans le but de garder le plus longtemps possible sans altération les betteraves dont on veut extraire la matière saccharine.

« Nous ne croyons cependant pas devoir passer sous silence un perfectionnement que l'on a apporté, l'année dernière, aux procédés employés en Bohême pour conserver les betteraves hors des maisons, en longs tas de 5 pieds de largeur et de 3 à 4 pieds de hauteur : il consiste en ce que le tas est traversé, dans toute sa longueur, par un tuyau en planches posé sur le sol et coupé de 2 en 2 ou de 3 en 3 toises par de plus courts. Ces tuyaux ont, en dehors du tas, chacun deux orifices en forme de toit qui dépassent la couverture, et qu'il est facile de boucher hermétiquement au besoin. A chacun des points où les tuyaux horizontaux se rencontrent est placé un tuyau perpendiculaire fait avec de fortes verges d'osier, sortant par le haut, et dont l'ouverture, large d'environ 6 pouces, peut être fermée comme celle des premiers.

« Ces espèces de soupiraux offrent le moyen d'introduire des thermomètres dans l'intérieur des tas, pour en observer la température, et de la maintenir toujours au même degré en les ouvrant ou en les fermant à propos.

« Outre ces avantages, le procédé que nous venons de décrire devait permettre de couvrir les betteraves immédiatement après la récolte, sans que l'évaporation pût leur nuire, lors même qu'il y aurait de fortes chaleurs à la fin de l'automne, puisqu'on peut boucher les orifices pendant le jour et les ouvrir pendant la nuit. On se promettait même de pouvoir entasser sans inconvénient des betteraves humides et les faire sécher en établissant des courants d'air.

« Nous ne savons pas encore si l'on a obtenu de cette méthode les succès qu'on espérait. Du reste, il faut employer le plus tôt possible les betteraves destinées à la fabrication du sucre, et l'on ne pourrait les garder au delà du mois de mars sans avoir à craindre l'altération de la matière saccharine. »

(Société industrielle de Hanovre.)

Il faut observer ici, à la suite de ces judicieuses considérations, que la betterave perd, en effet, beaucoup de sa valeur saccharine pendant l'hiver, le sucre *cristallisable* se changeant facilement en un autre sucre qui ne peut cristalliser ; mais ce changement ne constitue une perte que pour le fabricant de sucre, et non pour le distillateur ; ceci résulte des données que nous exposerons dans le chapitre suivant.

Il y a peu d'agriculteurs qui ne sachent l'emploi utile que l'on fait des *silos* pour la conservation des plantes-racines ; nous n'en dirons donc rien de particulier, mais nous appellerons l'attention sur les principes suivants, qui sont la base de cette conservation :

Règles à suivre. — 1º Ne jamais serrer de racines humides ou meurtries ;

2º Maintenir à tout prix dans les tas une température égale, qui peut varier entre 8º et 12º Réaumur ;

3º Faciliter l'évaporation des gaz et des vapeurs qui se forment dans les tas, par une circulation méthodique de l'air ;

4º Détruire et livrer aussitôt à la consommation les parties dans lesquelles on remarquerait un commencement de décomposition.

A l'aide de ces règles, la conservation des betteraves et de toutes les racines devient facile.

Assolement.

Nous n'avons plus qu'un mot à dire sur la place que doit occuper la betterave dans l'assolement, afin de finir ce long chapitre, destiné à tenir lieu d'un traité spécial sur notre plante. Nous aborderons ensuite la question actuelle, celle de la production de l'alcool, après avoir toutefois initié ceux de nos lecteurs qui n'ont pu s'occuper de ces questions à la théorie et aux principes de l'alcoolisation en général, qui formera le sujet de notre second chapitre.

La seule règle que nous puissions considérer comme utile dans la pratique de l'assolement de la betterave est dictée par l'expérience ; la voici :

Ne placez jamais vos betteraves sur un sol fraîchement fumé, ou contenant des racines non encore décomposées.

La conséquence pratique de cette règle est que la place de la betterave n'est ni après un trèfle ou une luzerne ou même un sainfoin ; mais elle succède bien à une avoine de défrichement ou à une récolte fumée, quelle qu'elle soit. Nous né pouvons que blâmer l'assolement triennal, dans lequel il est indispensable de placer la betterave sur du fumier nouveau, et, comme nous l'avons indiqué précédemment, cette fumure nouvelle est nuisible aux qualités saccharines de la betterave.

De ce que M. Payen conseille l'assolement quinquennal de la betterave, il ne faut pas, comme nous

l'avons dit précédemment, tirer de conclusion absolue. En effet, on a vu la betterave donner des produits avantageux dans le même sol pendant dix et
même douze années successives. Le point capital est
de consulter sa terre, de la tenir en bonne culture,
bien amendée, fécondée par des engrais convenables ; et, à ce sujet, nous renvoyons le lecteur à
notre dernier chapitre, pour la composition d'un engrais de la plus grande énergie, qui peut être appli-
qué à la betterave

Frais. — Prix de revient.

Tableau des frais de culture d'un hectare de betteraves semées en place,
d'après M. de Dombasle.

Loyer de la terre..........................	60	»
Frais généraux, intérêt du capital, en-tretien des instruments, dépenses de mé-nage, etc., évalués par hectare à.........	60	»
Deux labours à 15 fr...................	30	»
Deux hersages à 3 fr..................	6	»
Fumier, vingt-cinq voitures à 5 fr., dont la moitié à la charge des betteraves......	62	50
Semence, 5 kilogrammes à 2 fr........	10	»
Rayonnage et semaille au semoir......	3	»
Premier sarclage à la main, trente jours de femme à 75 c......................	22	50
Deuxième sarclage et éclaircissement de plants, vingt jours de femme............	15	»
Deux binages à la houe à cheval......	4	»
A reporter............	273	»

Report.............	273	»
Arrachage et nettoyage, en tout.......	34	25
Transport......................	9	»
Emmagasinage, etc	8	»
	324	25

M. de Dombasle n'admettant que 20,000 kilogrammes de rendement, le prix du 1,000 se trouve être fixé à 16 fr. 21 c. Mais, les fabricants de sucre et d'alcool ne payant guère que ce prix, le cultivateur n'aurait rien à gagner. Or, il est admis aujourd'hui par la pratique qu'un hectare de betteraves contenant 80,000 plants de betterave au minimum et 100,000 au maximum, en supposant 40 centimètres entre les rayons et les plants écartés à 25 centimètres, chaque betterave donne un poids moyen en racines de 750 grammes environ. Ce résultat théorique conduit à un produit de 60 à 75,000 kilogrammes par hectare, ce qui triple la valeur du rendement et divise par trois le prix de revient, qui serait alors de 5 fr. 45 c. pour 1,000 kilogrammes.

Nous avons vu que, par une longue végétation et d'après la méthode de Kœchlin, on peut obtenir un résultat beaucoup plus considérable. Il est vrai de dire que les frais sont un peu augmentés ; mais ce n'est pas en proportion assez forte pour qu'on ne puisse émettre, en proposition générale, l'assertion par laquelle nous clorons ce chapitre, que, par une méthode intelligente, on peut facilement obtenir la betterave à un prix de revient de 7 à 8 fr. les 1,000 kilogrammes.

II

De l'alcoolisation en général.

Dans le chapitre qui précède, nous avons réuni les notions d'agronomie, nous avons traité l'agriculture de la betterave : dans celui-ci, nous laissons de côté le travail de la ferme, pour ne plus considérer que l'alcoolisation, la transformation chimique de notre plante.

Les principes sur lesquels repose la production de l'alcool sont du plus haut intérêt pour le fermier et le distillateur, et nous allons les exposer, en n'omettant rien d'important, car ils sont à nos yeux la base fondamentale d'une méthode applicable, d'une pratique judicieuse.

Les *matières sucrées* et les *fécules* ou *amidons* sont la matière première de toute production de l'*alcool ;* mais leur transformation ne peut avoir lieu sans ce qu'on appelle *fermentation*. Voilà le premier degré d'une série de propositions que nous allons successivement developper. Il est infiniment digne de remarque et d'admiration combien la nature est simple dans ses actes, même dans ceux qui nous semblent les plus compliqués : addition ou retranchement de certains principes, transformation de quelques autres, tels sont ses grands moyens chimiques.

Voyons, en effet, ce qui se passe dans le cas dont nous voulons parler : voilà de l'*eau* et du *charbon* passés à l'état d'acide carbonique ; ces éléments se groupent en divers proportions, se combinent de manière à ne plus présenter que telles ou telles formes, que telles ou telles quantités d'*eau* et de *charbon* ou *carbone*, et avec eux, il se forme dans la plante une foule de corps ou principes immédiats dont nous citerons les principaux.

CELLULOSE ou tissu végétal proprement dit,
MATIÈRE *amylacée, fécule* ou *amidon*,
INULINE, fécule particulière de l'*Aunée*,
LICHÉNINE, ou gelée des lichens,
GOMMES arabique et de pays,
SUCRE de canne et de betterave, cristallisable,
SUCRE non cristallisable des fruits acides,
SUCRE de raisins, etc.

Les *huit* principes immédiats que nous venons de nommer ont une composition frappante d'analogie, car ils ne diffèrent que par la proportion d'*eau* qui s'y trouve combinée, la *Cellulose*, la *Fécule*, l'*Inuline*, la *Lichénine* et les *Gommes* sont identiques sous le rapport de leurs éléments proportionnels, qui sont : *douze proportions de Carbone et dix proportions d'Eau.*

Rien n'égale la facilité avec laquelle, dans la vie végétale, les éléments perdent ou acquièrent de l'eau : ainsi, admettons *une seule proportion d'eau* venant se combiner à l'un des *cinq corps* qui viennent d'être designés, et nous aurons un corps nouveau, le *sucre de canne cristallisable : une autre proportion de plus* nous donnera le *sucre des fruits acides, incristallisable ;* enfin, *deux nouvelles proportions d'eau* et nous avons le *sucre de raisin.* De l'eau et du charbon, quoi de plus simple et de plus fécond en résultats !

On donne à cette série de corps formés par la nature à l'aide du charbon et de l'eau, le nom de corps *hydrocarbonés.* Il en existe bien d'autres que les huit que nous avons mentionnés ; la plupart sont susceptibles des plus curieuses transformations par le retranchement de l'un ou de l'autre de leurs éléments ; mais nous ne nous arrêterons pas à cette étude, qui sort un peu de notre objet.

Les huit corps cités plus haut peuvent produire de l'*alcool* par une transformation nouvelle qui se fait à l'aide d'un *ferment* ou *levain ;* mais au préalable, il est bon d'insister sur ce point capital, que l'alcoolisation à l'aide de la fermentation ne se peut faire que sur le *sucre de fruits* et le *sucre de raisin,* encore appelé *glucose.* D'après ce qui vient d'être dit tout à l'heure, on conçoit la nécessité et la possibilité de transformer les *fécules,* les *gommes* et le *sucre ordi-*

naire en *glucose* si l'on veut en obtenir de l'*alcool*, et la chimie nous en donne facilement les moyens.

Si l'on met les *fécules* en contact avec l'orge germée (contenant un principe transformateur appelé *diastase*) dans de l'eau chauffée entre 65° et 75° pendant un certain temps, toute la *matière employée* est changée en *glucose* ou *sucre fermentescible*.

Le résultat est le même si l'on fait *bouillir* la fécule, etc., dans de l'eau contenant 2 à 3 p. 100 d'acide sulfurique, que l'on détruit ensuite à l'aide de la craie en poudre ou d'un lait de chaux.

L'action des acides très-étendus d'eau sur les fécules a donc pour résultat de les changer en *glucose* ou sucre *fermentescible*, c'est-à-dire susceptible d'éprouver un nouveau changement par ce qu'on appelle fermentation.

On distingue trois espèces de fermentations, ou plutôt trois phases de la fermentation, auxquelles on a donné les noms de *fermentation vineuse ou alcoolique*, *fermentation acéteuse ou de vinaigre*, et *fermentation putride* (1).

La fermentation vineuse ne peut avoir lieu que sur le sucre de fruits ou de raisin, ou fermentescible ; elle est la conséquence d'une simple transformation ou plutôt d'un dédoublement : en effet, le sucre, com-

---

(1) Nous ne parlons pas ici de ce que les chimistes ont nommé fermentations *lactique*, *butyrique*, etc. ; notre but étant de ne rien avancer que d'essentiel, et ces phases de la fermentation rentrant plus ou moins dans la fermentation *putride*.   N. B.

posé de douze proportions d'eau et d'autant de carbone, se décompose sous l'influence du ferment en quatre proportions d'acide carbonique et deux proportions d'alcool, dont la valeur est absolument identique. Si la fermentation se prolonge, l'alcool, formé de quatre proportions de carbone, deux proportions d'eau et quatre d'hydrogène, se modifie à son tour et devient de l'acide acétique ou vinaigre radical. Ces deux fermentations se succèdent toujours, pourvu que l'on prolonge les causes de transformation, c'est-à-dire l'action d'un levain et une chaleur suffisante en présence de l'eau.

Si la fermentation putride se produit à la suite des deux autres, ou même de prime abord, la décomposition complète du corps hydrocarboné a lieu, et il se forme des produits de nature diverse.

De ce que nous venons de dire on peut déduire les conclusions suivantes :

1o Les fécules et le sucre ordinaire deviennent fermentescibles par l'action d'un acide faible.

2o Le sucre fermentescible éprouve la fermentation vineuse ou alcoolique, quand on le met en présence d'un ferment et de l'eau.

3o Si l'on prolonge la fermentation, l'alcool se change en acide acétique et il se produit du vinaigre en présence de l'eau.

4o Si la fermentation est encore prolongée, elle passe à la putridité ou pourriture, et il y a décomposition complète.

La plupart des corps hydrocarbonés féculents ou

sucrés sont plus ou moins mélangés de principes albumineux, qui font la fonction des levains et déterminent facilement la fermentation (1); mais on emploie généralement 2 ou 3 p. 100 de levûre de bière que l'on mélange avec la solution sucrée. Si l'on a élevé la température entre 20 et 30°, on aperçoit promptement le dégagement du gaz acide carbonique, lequel s'échappe sous forme de bulles nombreuses : la cessation de ce dégagement du gaz annonce la fin de la fermentation alcoolique. Ici nous appellerons l'attention du lecteur sur une observation de la plus haute importance, Si l'on prolonge la fermentation, une partie de l'alcool éprouve la fermentation *acéteuse*, et l'on fait une perte irréparable. D'autre part, si la fermentation n'est pas complète, tout le sucre n'est pas transformé en alcool, et on n'en retire pas la quantité indiquée par la théorie; mais dans cette circonstance, le liquide encore sucré pouvant servir à une nouvelle opération après la distillation de l'alcool produit, l'inconvénient est moindre, sinon complétement nul. Nous reviendrons plus loin sur la conséquence pratique de ceci.

---

(1) Il résulte de cette proposition, qui ne nous appartient pas plus qu'à beaucoup d'autres, une conséquence facile à déduire et dont l'application doit se faire dans le chapitre suivant, à propos d'une *idée* de M. Dubrunfaut; c'est qu'on peut se passer de levûre de bière pour obtenir la fermentation. M. Dubrunfaut est loin d'être l'auteur de cette idée ; il a seulement le mérite incontestable de l'avoir appliquée, ainsi que plusieurs autres, à un procédé industriel. Il est bon de constater la *vérité absolue* partout où on la rencontre.   N. B.

Le sucre se transforme en alcool dans des proportions telles que 100 parties en poids de sucre de fruits
ou fermentescible donnent 51 parties 12 d'alcool et
48,88 d'acide carbonique.

Fermentation.

Quant à l'action des ferments sur les matières sucrées, elle est encore inexpliquée, au moins dans la
plupart des systèmes exposés jusqu'ici ; mais on doit
remarquer que le ferment supérieur ou *chapeau* qui
se forme à la surface du liquide en fermentation
est de nouvelle formation, tandis que celui qui se
précipite au fond du vase est *usé* et n'a plus d'action
utilisable. Il en résulte la nécessité de nettoyer avec
soin le fond des cuves à fermentation ; c'est ce que
nous établirons en exposant la méthode de M. Champonois pour l'alcoolisation des betteraves.

Nous trouvons dans un ouvrage de M. Virey quelques observations fort justes ; les voici :

« La présence de l'air n'est pas indispensable pour
cette fermentation (l'alcoolique), et il ne s'absorbe
point d'oxygène. Il est au contraire avantageux d'empêcher l'accès de l'air dans les fermentations vi-
neuses, car il tend à les faire passer à l'acétification.
C'est pourquoi l'on recouvre ou l'on ferme les cuves ;
par ce même procédé, l'on perd moins d'alcool, dont
une portion se dissiperait toujours avec le gaz acide
carbonique émané de cette fermentation. Ce fait est
constaté.

4.

« La fermentation vineuse a besoin de sucre et de ferment, non pas toujours d'air atmosphérique ou d'oxygène.

« Du moût de raisin, conservé une année entière par le procédé d'Appert, entre en fermentation lorsqu'on le transvase à l'air, et on fait ainsi des vins mousseux. Il faut donc la présence du gaz oxygène; cela est prouvé par l'expérience, comme aussi pour les autres substances fermentescibles.

« Si le procédé d'Appert empêche la fermentation, c'est que les bouteilles qui contiennent ces substances n'ont plus d'oxygène dans l'intérieur, et que le peu qui y était a été absorbé.

« Au contraire, le sucre et la levûre de bière fermentent sans besoin de gaz oxygène.

« Le moût obtenu sans contact de l'air, et qui ne fermenterait pas ainsi, fermente en y faisant plonger les deux fils d'une pile galvanique. C'est aussi pourquoi le bouillon, le lait, se coagulent et entrent spontanément en acescence par l'état électrique de l'atmosphère.

« Les ferments sont variables selon la nature diverse des matières fermentescibles. Le moût sans contact de l'air ne fermente pas, mais il fermente à l'air de 15 à 30°. Dans le gaz oxygène, la fermentation s'opère bien, mais le moût ne fermente pas dans l'hydrogène. Du moût bouilli ne fermente plus, car le ferment est alors coagalé.

« Le gaz oxygène est donc nécessaire pour exciter la fermentation, mais non pour être absorbé, puisque le produit d'acide carbonique est bien plus considérable que l'oxygène absorbé. Des matières animales très-putrescibles à l'air, renfermées dans un vase clos et chauffées à l'eau bouillante (méthode d'Appert), ne se putréfient pas, car l'oxygène du vase est absorbé ; il reste le gaz azote pur. Si l'on débouche le vase, la putréfaction peut se rétablir. »

Nous devons ajouter que la production de l'alcool se continue dans les vases clos et fermés après qu'elle a été commencée à l'air ; mais que la privation d'air ne permet pas la transformation de l'alcool en acide acétique. Continuons cependant notre citation :

« Le *ferment* se trouve dans la levûre de bière, dans le gluten de l'orge et des graines céréales, ou dans le raisin et tous les fruits sucrés, mais renfermé entre les membranes qui forment des cellules contenant le suc de ces fruits, selon l'observation de Fabroni : de là vient que ceux-ci ne peuvent pas fermenter si leurs cellules ne sont pas brisées. Il est nécessaire à toute fermentation alcoolique, et le sucre ne se décompose qu'à proportion de ce principe ; mais le ferment n'est pas de nature identique dans toutes les subtances, et celui du raisin est autre que celui de la bière, comme le pense M. Gay-Lussac ; car s'il faut la présence de l'air pour la fermentation du moût de raisin et autres sucs de fruits, elle n'est pas nécessaire pour le sucre et la bière. L'acide sulfureux mute le ferment ou arrête son action, soit en se combinant à lui, soit en lui enlevant de l'oxygène.

« L'état électrique de l'atmosphère ou l'électricité

artificielle et galvanique, excite la fermentation dans les liquides sucrés, même sans la présence de l'oxygène. De là vient aussi l'acescence du bouillon, la coagulation du lait par l'électricité atmosphérique. La manne ne passe pas à la fermentation spiritueuse. Selon Proust, le gluten ou ferment cède de son azote, qui se dégage aussi dans la fermentation. A mesure que le ferment est privé d'une portion de ce principe, il devient insoluble, se précipite en lie, est incapable d'opérer alors la décomposition du sucre. Divisé par le tartre, le ferment n'en paraît que plus propre à opérer la conversion du sucre en alcool; la chaleur le concrète, c'est pourquoi le raisiné ou moût de raisin concentré au feu ne peut plus fermenter de lui-même. Le gluten de froment, la partie concrescible de plusieurs sucs de plantes, sont de vrais ferments; on en trouve même dans la fleur de sureau. Plusieurs expériences semblent constater que l'alcool ne peut pas être transformé en vinaigre, même avec diverses matières fermentescibles, telles que la gélatine animale ou la végétale, la mère de vinaigre, le gluten, la levûre, etc., selon quelques chimistes; mais le fait contraire a paru plus vraisemblable.

« Selon Macbride, dans le nord de l'Europe, on obtient une liqueur enivrante au moyen du poisson et de l'eau qu'on fait fermenter dans des trous creusés en terre et garnis d'écorce de bouleau; car les matières animales augmentent la fermentation spiritueuse des végétaux sucrés.

« S'il y a trop de matière sucrée dans le liquide,

relativement au ferment, une partie du sucre reste indécomposée; tels sont les vins liquoreux du Midi. Si le ferment surabonde, il décompose tout le sucre, et tend à faire passer la liqueur à l'état d'acide acétique, comme dans les vins des pays plus froids. C'est pourquoi il faut les séparer de leur lie, les clarifier en les collant, ou les *soufrer* pour coaguler le ferment surabondant, ou bien ajouter de la matière sucrée. Les liqueurs dans lesquelles on retient de l'acide carbonique sont fumeuses et mousseuses, comme le vin de Champagne et les bières. »

Nous résumons en quelques mots les notions les plus importantes sur la fermentation.

La fermentation *alcoolique* consiste dans la transformation *en alcool et en acide carbonique* que le sucre fermentescible éprouve quand on le met en présence d'un *levain* ou *ferment* et de l'*eau*, à la température de 15 à 30°.

La fermentation, commencée à l'air libre, doit se continuer à l'abri de l'air, afin d'éviter la perte d'une partie de l'alcool par évaporation et la transformation d'une autre portion en vinaigre. Il importe donc de couvrir les cuves.

Quoique la fermentation puisse avoir lieu sous l'action des *ferments naturels* ou des *matières albumineuses* contenues dans le liquide à fermenter, il vaut mieux, pour être plus sûr du résultat, la déterminer par l'addition de 2 ou 3 p. 100 de levûre de bière, calculés sur le poids du sucre fermentescible.

Ainsi, on a placé dans une cuve 20 hectolitres de

liquide contenant en dissolution 10 kilogrammes de matière sucrée par hectolitre ; c'est sur *deux cents* kilogrammes de sucre qu'il faut régler la quantité de levûre à ajouter ; cette quantité serait de 4 à 6 kilogrammes.

La fermentation est quelquefois *tumultueuse*, c'est-à-dire que les bulles se dégagent en si grand nombre que le liquide est exposé à déborder au-dessus de la cuve ; on remédie à cet inconvénient en y jetant de *l'huile*, ou une *dissolution de savon :* les corps gras s'opposent efficacement à ce développement inopportun du gaz et lui font prendre une marche uniforme.

Il vaut mieux arrêter la fermentation aussitôt après la cessation du dégagement gazeux, que d'attendre plus tard. Trois jours sont grandement suffisants ; si toute la matière sucrée n'est pas décomposée, on est sûr de la reprendre avec les *vinasses* dans une opération suivante, et de ne rien perdre ; au contraire, par une fermentation trop prolongée, outre l'évaporation d'une partie de l'alcool formé, on en perd une certaine quantité qui se transforme en vinaigre.

On appelle *vinasses* les liquides fermentés qui ont subi la distillation : la base d'une bonne méthode consiste à faire servir ces vinasses pour la préparation d'une opération subséquente : nous en ferons valoir les raisons, tant en parlant de la méthode de M. Champonois, qu'en indiquant notre manière de voir personnelle.

De l'alcool.

L'alcool se sépare du liquide fermenté par la distillation à l'aide d'appareils variables dans leur forme, mais dont la construction repose sur un principe dont nous parlerons plus loin.

L'alcool est un liquide incolore, doué d'une odeur suave, beaucoup plus volatil que l'eau, et ceci dans une proportion d'autant plus grande qu'il contient moins d'eau. On donne à l'alcool le nom d'*absolu* ou *anhydre* lorsqu'il est complétement *pur;* mais il est rare que l'on obtienne cette pureté absolue par des procédés distillatoires : on est obligé, pour y parvenir, d'employer des moyens chimiques. Ordinairement, l'alcool obtenu par les procédés de distillation les plus parfaits contient encore de 15 à 18 p. 100 d'eau; en sorte que, dans cet état, la composition de 100 parties d'alcool représente assez généralement les valeurs suivantes :

Une proportion d'alcool, représentée par les nombres . . . . 575,00 — 83,70
Une proportion d'eau . . . . 112,50 — 15,30
____
687,50 — 100,00

Nous donnons plus loin, à la suite des moyens alcoométriques, une table où se trouvent indiquées les quantités proportionnelles d'eau et d'alcool renfermées dans les divers mélanges aux degrés commerciaux usités le plus souvent. En sorte que, au moyen de ces tables, il devient facile de comparer ensemble les différentes qualités des mélanges alcooliques.

Densité. — Ses conséquences.

Les différents corps solides et liquides se comparent à l'eau sous le rapport de leur densité ; or, le poids ou la densité d'un volume donné d'eau étant représentée par le nombre 1,000, le même volume d'un liquide quelconque présentera un poids ou une densité dont le chiffre se rapprochera ou s'éloignera plus ou moins de cette normale. Sans entrer dans aucune espèce de détail de physique, il nous suffira, pour nous faire comprendre, de prendre pour volume de comparaison le décimètre cube ou litre : 1 litre d'eau *distillée*, c'est-à-dire *pure*, pèse exactement 1 kilogramme ; le poids de l'or, par exemple, est de 19 kilogrammes 1/2 pour le même volume de 1 décimètre cube ; celui de l'argent est de 10 kilogrammes 1/2, celui du mercure liquide de 13 kilogrammes 596 grammes.

Ces exemples suffisent pour faire sentir les nombreuses différences en plus ou en moins que l'on observe dans les poids ou densités des corps. La densité de l'alcool *pur* ou *anhydre* ou *absolu* est de 815,10 à 0° de température et de 802,10 à 15°, sous la pression atmosphérique ordinaire. Cette densité n'est plus que de 793,30 à 25°. Nous donnons aussi plus loin, à la suite de ce chapitre, une table indiquant la densité de cet alcool pur pour tous les degrés de température compris entre 0° et le point de volatilisation sous la même pression normale. Une autre table indique les bases de densité de divers mélanges d'alcool et d'eau.

Plus un corps liquide est dense, plus il contient de matière sous un volume donné, plus sa désagrégation est difficile, et plus son point d'ébullition ou d'évaporation est élevé. On a encore pris ici l'eau pour terme de comparaison, et l'on a fixé à 100° le point de son ébullition ; les autres corps varient, à cet égard, selon leur densité, comme nous venons de le dire. Ainsi, la densité de l'éther sulfurique étant à 0° de 736,00, il bout à 35° 5 sous la pression ordinaire de l'air atmosphérique ; l'alcool, dont la densité est de 815,10, comme nous l'avons vu, bout à 78° 4. D'après cela, il est facile de conclure la possibilité de séparer, à l'aide de la chaleur, des corps liquides de densité différente : ainsi, si l'on suppose un mélange d'éther, d'alcool et d'eau, en portant la température à 35 ou 40° centigrades au plus, on séparera tout l'éther et une très-petite quantité d'alcool et d'eau. Si l'on porte ensuite la chaleur à 80°, l'alcool se séparera à son tour avec un peu d'eau, et il ne restera sensiblement que de l'eau dans l'appareil distillatoire. C'est précisément sur cette donnée que repose toute la théorie de la distillation. En effet, soit donné un mélange d'eau et d'alcool, il est évident qu'en portant la température à 80°, on séparera la vapeur alcoolique contenue dans ce mélange. D'un autre côté, comme il s'élève à toute température, même à 0°, une certaine quantité de vapeur aqueuse, on n'obtient en réalité qu'un mélange, lequel, par sa condensation, ne donne jamais d'alcool absolu.

Il va sans dire que dans tout ce que nous venons d'exposer sur le point d'ébullition, relativement à la densité des liquides, nous n'avons eu en vue que les liquides soumis à la pression ordinaire de l'air. Tout le monde sait que l'air pèse d'un poids énorme sur toute la surface terrestre, et que cette pression, à peu près uniforme, est équivalente à une couche ou plutôt à une colonne de mercure de 76 centimètres de hauteur, ou bien à une colonne d'eau de 10 mètres 65 centimètres. Il est constaté qu'un liquide, bouillant à 100° sous la pression de l'atmosphère, entrera bien plutôt en ébullition si on le soustrait à cette pression normale. Sans nous étendre davantage à ce sujet, nous complétons notre pensée en ajoutant qu'il y aurait tout intérêt à faire la distillation à l'abri de ce poids de l'atmosphère. En effet, les huiles essentielles qui donnent aux alcools une saveur et une odeur étrangères ne *passant* pas à une basse température, on obtient des alcools plus purs, exempts de *goût de feu*, etc. Malheureusement les appareils destinés à procurer la distillation dans *le vide* sont loin d'être assez parfaits pour être applicables, malgré leur prix élevé.

Nous avons dit que la distillation seule ne donne pas l'alcool absolu ; pour parvenir à l'avoir privé d'eau, il est nécessaire de recourir à l'action de certains agents chimiques, qui sont des corps très-avides d'eau en général ; en les mettant en contact avec le liquide produit, ils s'emparent d'une notable quantité de l'eau mélangée, et, si l'on répète cette opération un certain nombre de fois, on obtient l'alcool entièrement *anhydre,* c'est-à-dire sans eau ou absolu. Les corps que l'on emploie le plus fréquemment pour cet usage sont : le chlorure de calcium sec, la potasse caustique, la chaux vive et quelques autres alcalis. On pourrait même, d'après quelques expériences faites par nous cette année, employer avec avantage pour cet objet la magnésie calcinée pulvérisée.

Voici les détails de l'opération : on prend de l'alcool à 85 ou 90° centésimaux, on y ajoute 0,1 à 0,2 de magnésie en poids; on laisse macérer pendant 12 heures, et l'on distille. Il est quelquefois nécessaire de répéter l'opération.

Ce moyen nous a paru également d'une utilité incontestable pour détruire certaines huiles essentielles particulières des alcools : dans ce cas, ces huiles jouent plus ou moins le rôle d'un acide, en formant avec la magnésie un sel insoluble dans l'eau et ne se décomposant pas à la chaleur nécessaire pour la distillation. Nous reviendrons ailleurs sur ce moyen et quelques autres dans le chapitre sous forme d'appendice, où nous examinons comparativement les degrés de pureté de plusieurs alcools.

Il ne nous reste plus qu'une observation à faire pour avoir donné tous les développements nécessaires aux principes qui régissent l'alcoolisation : nous voulons parler de la condensation de la vapeur alcoolique, ou du retour de cette vapeur à l'état liquide.

Il résulte de ce que nous avons dit précédemment
sur la densité de l'alcool une conséquence aussi
simple que fertile en applications : plus la chaleur
s'élève, plus le corps soumis à son action perd de sa
densité ; mais si cette première proposition est vraie,
l'inverse est tout aussi incontestable. Pour ramener
une vapeur à l'état liquide, il ne s'agit donc que d'en
augmenter la densité par un refroidissement suffisant.
C'est là précisément le but qu'on se propose d'atteindre dans la fabrication des divers appareils de
distillation. L'alcool se vaporisant à 78° 4, l'eau se
vaporisant à 100°, si l'on refroidit le mélange de vapeurs par un moyen quelconque, au-dessous du premier de ces points il y aura condensation, liquéfaction. Les appareils les plus parfaits sont ceux qui,
tout en opérant d'une manière continue, produisent
isolément la condensation des vapeurs aqueuses, et
celle des vapeurs alcooliques. C'est là ce qu'on a cherché à obtenir par les nombreuses modifications que
l'on a apportées depuis nombre d'années à la forme
des appareils. Nous n'entrerons dans aucune espèce
de détails à cet égard, nous n'écrivons pas ici un
traité de mécanique : que l'on emploie tel ou tel appareil, le point capital auquel on doit tendre est
l'extraction complète de l'alcool, faite le plus écono-
miquement possible. Ce simple conseil nous suffira,
et chacun, suivant ses moyens d'action, modifiera
aisément son instrumentation. Le *fermier-distillateur*
visera avec raison à l'économie : car, pour lui, l'alcool n'est que l'objet accessoire ; l'engraissement des
bestiaux est l'important.

Appareils.

Le nombre des appareils distillatoires est si considérable, leurs différences sont parfois si peu importantes, que nous ne pouvons guère consacrer une
partie du cadre où nous devons nous renfermer à
leur description.

On peut adopter *dans la petite ferme* l'ancien appareil, composé d'une *cucurbite* ou chaudière montée
sur un fourneau en briques, d'un *chapiteau* avec son
allonge, et d'un *serpentin*. La distillation bien conduite donnera de l'eau-de-vie faible, à 30 ou 35° centésimaux, et il sera nécessaire de *rectifier*, c'est-à-
dire de *redistiller* les produits. Le *distillateur* ou le
fermier d'un domaine considérable devra employer
un appareil à *distillation continue :* les plus avantageux dans la pratique sont ceux construits sur l'idée
de Derosne avec quelques modifications par la maison Cail et Cie, près de laquelle on trouve, à cet
égard, tous les renseignements désirables.

Pourvu que la masse liquide soit échauffée le plus
également possible, que l'évaporation se fasse par la
plus large surface, que la condensation des vapeurs
ait lieu avec promptitude, qu'on utilise la chaleur
perdue, que l'on opère avec le moins possible d'in-
termittences ou d'interruptions, on est dans les conditions du bien, et une pratique judicieuse rapprochera de la perfection.

OBSERVATION.

Nous ne pouvons clore ce chapitre sans rendre compte à nos lecteurs d'une observation qui nous paraît de haute importance et qui n'a surgi que dans ces derniers temps.

En 1853, nous avions fait une analyse sérieuse de *l'asphodèle rameux*, et cette opération nous avait démontré que *l'asphodèle* ne contient *ni sucre cristallisable, ni glucose, ni fécule, ni gomme, ni mannite, ni inuline en quantité* appréciable. Grande fut notre surprise quand, sur la foi de MM. Lucet et Griseri, les journaux scientifiques annoncèrent que l'asphodèle donnait des quantités considérables d'alcool. Ne sachant à quoi attribuer ce résultat vrai ou prétendu, nous gardâmes le silence et nous reprîmes notre analyse, en modifiant nos opérations de dix manières différentes.

Voici ce que nous avons constaté :

On doit admettre, en principe, que la *glucose* seule fournit les éléments de l'alcool, mais ce principe dérive de la *cellulose* de la façon la plus absolue. Pour que la cellulose se transforme en glucose, il n'est pas nécessaire qu'elle soit à l'état parfait, ni même transformée en *sucre, gomme, inuline,* etc. ; il suffit qu'elle soit à l'état rudimentaire ou mucilagineux.

Il y a une forme particulière de la *cellulose* que nous avons nommée volontiers *pectosine*, laquelle ne démontre aucun principe sucré à son état normal,

mais qui se change facilement en glucose sous l'influence des acides minéraux affaiblis. C'est ce principe, cette *pectosine*, qui a fait prendre le change à
propos de l'asphodèle, et nous sommes convaincu de
l'exactitude de nos résultats.

La *pectosine* existe abondamment dans un très-
grand nombre de plantes sur lesquelles nous avons
fait de nombreuses expériences d'alcoolisation, et
dont nous citons les principales :

TOPINAMBOUR, contient : *pectosine, glucose, sucre, fécule.*
ASPHODÈLE,   —   *pectosine.*
LIS BLANC,   —   *pectosine, glucose, fécule.*
DAHLIA,   —   *pectosine, glucose, un peu de
fécule.*

On peut juger par ces quatre exemples de la
grande quantité de plantes dont on peut extraire de
l'alcool.

Mais *la pectosine ne devient fermentescible que sous
l'influence des acides*, nous le répétons, parce que c'est
là la base vraie des recherches que l'on serait tenté
de faire.

La *pectosine*, ou ce que nous nommons ainsi, n'est
que la *cellulose à l'état rudimentaire ou mucilagineux*,
et, dans ses qualités physiques ou chimiques, elle
ne diffère de la pectose que par la propriété de de-
venir fermentescible par l'acidulation.

Nous terminons cette observation par la transcrip-
tion d'une note relative à l'asphodèle, au sujet d'une
de nos expériences.

28 novembre 1853.

Expérience d'alcoolisation sur l'asphodèle rameux *(asphodelus ramosus)*.

Nous avons pris 500 grammes de tubercules à l'état frais et nous les avons réduits en pulpe par l'action de la râpe.

Macération de la pulpe dans un litre d'eau ordinaire.

29 novembre.

Nous exprimons le produit à travers un linge serré, et nous le partageons en deux parties égales placées dans deux ballons à fond plat.

Ballon n° 1, addition de levûre de bière, quantité suffisante.

Ballon n° 2, addition d'acide sulfurique, environ 1,5 p. 100, ébullition pendant une heure. Neutralisation de l'acide par la craie, filtration. — Addition de levûre.

30 novembre.

Ballon n° 1. — Passe franchement à la pourriture.

Ballon n° 2.—Fermentation alcoolique bien nette; une *allume* en papier s'éteint avant d'avoir franchi le col.

2 décembre.

Ballon n° 1. — Nous jetons le liquide, devenu complétement infect.

Ballon n° 2. — Distillation.— Nous donne pour résultat de l'eau-de-vie faible, que le calcul nous démontre dans des conditions de bonne application industrielle.

Si nous avons cru devoir rapporter cette expérience, c'est que nous désirons vivement que les expérimentateurs ne se fourvoient pas en s'empressant de proclamer *comme acquis* des faits *mal observés*, dont une expérience ultérieure doit démontrer la fausseté.

III

Alcoolisation spéciale de la betterave.

Maintenant que nous avons traité en détail la culture de la betterave et exposé les principes généraux de l'alcoolisation, il convient d'appliquer ces principes à la production de l'alcool de betteraves.

Le sucre, avons-nous dit, est la matière première de toute production d'alcool, mais le sucre fermentescible seulement, nommé encore *glucose, sucre de raisin* ou *sucre de fruits*.

La fécule ne donne de l'alcool qu'en se transformant au préalable en glucose, et l'on peut poser en principe la proposition suivante : *la glucose seule est fermentescible*.

Voyons donc le parti que l'on peut tirer de la betterave au point de vue de la fermentation alcoolique, en examinant la composition de notre racine d'après les données fournies par l'analyse.

Analyse de la betterave.

La betterave contient, sur 100 parties :

Eau.................. quantité variable.
Sucre cristallisable..... de 7 à 11.
Glucose.............. 2 à 4.
Fécule............... 0,5 à 2.
Sels de potasse et autres, ⎫
Matières albuminoïdes, ⎬ quantité variable.

Cette analyse présente des chiffres moyens sur lesquels nous croyons devoir faire quelques observations : la fécule donnant 110 parties pour 100 de glucose après sa conversion par l'orge germée ou par un acide faible, le chiffre de glucose correspondant à ce chiffre 2 p. 100 est réellement 2,20 p. 100. Mais il se peut faire que le mode de culture et d'engrais, que la variété de betterave cultivée, que les différences de sols donnent un résultat moyen un peu inférieur à celui de cette analyse, qui n'a d'autre valeur pour la distillation que celle indiquée par le tableau suivant :

Valeur de la betterave en sucre fermentescible.

Sucre de canne..... 7 0/0 ⎫
Glucose .... 4 ⎬ ensemble : 13,20 0/0.
Fécule, 2 0/0, soit... 2,20 ⎭

Mais ce chiffre de 13,20 p. 100 nous paraît un peu élevé d'après un certain nombre d'observations et d'analyses que nous avons cru devoir faire à cet égard : nous le réduirons donc un peu et nous prendrons pour base moyenne le chiffre 10, indiquant la quantité de glucose de toute provenance contenue dans 100 parties de betteraves.

Nous avons dit plus haut, dans notre chapitre sur l'alcoolisation en général, que 100 parties de sucre fermentescible se dédoublaient en :

$$\left.\begin{array}{l} \text{Acide carbonique}\ldots\ldots\ldots \quad 48,88 \\ \text{Alcool } pur \ldots\ldots\ldots\ldots\ldots \quad 51,12 \end{array}\right\} = 100 \text{ p.}$$

Il est facile de calculer, sur cette donnée, la quantité d'alcool que l'on doit produire avec la récolte d'un hectare de betteraves, récolte que nous évaluerons en moyenne à 50,000 kilogrammes, si toutefois nous acceptons comme vrai le chiffre base de 10 p. 100 de matière alcoolisable.

En effet, 50,000 kilogrammes de racines représentent, à ce compte, 5,000 kilogrammes de matière sucrée, en y faisant entrer les 2,20 p. 100 produits par la fécule, ou environ 4,000 kilogrammes, si on néglige cet élément. Mais, comme on le néglige par les méthodes les plus suivies et les plus praticables, nous considérerons le nombre 4,000 kilogrammes comme la normale du rendement d'un hectare en matière sucrée fermentescible.

Nous aurons donc à établir la proportion :

$$100 : 51,12 :: 4,000 : x$$

et la réponse arithmétique est de 2,044 kilogrammes 30 grammes, représentant la quantité d'alcool pur que doit donner une récolte de 50,000 kilogrammes à raison de 8 p. 100 de matière sucrée, non compris la fécule.

D'autre part, 1,000 kilogrammes de betteraves doivent produire, sur cette base, 51 kilogrammes 12 grammes d'alcool *anhydre* ou *absolu*, si l'on tient compte des 2 p. 100 de fécule.

Mais, si l'on ajoute à ce chiffre de 51,12 d'alcool pur les 16 p. 100 d'eau qui le ramènent au degré commercial de 84° centésimaux, on aura 59 kilogrammes 3 d'*esprit* ou d'alcool commercial. D'un autre côté, l'alcool ayant une densité de 802,10 à la température moyenne de 15°, on trouvera, si l'on applique ce que nous avons dit précédemment sur les densités, que 51 kilogrammes 12 d'alcool *pur* représentent 63 litres 73 centilitres à 15° centigrades de température, et, au même degré de température, 71 litres 90 centilitres d'alcool commercial à 84° centésimaux de force alcoolique.

Tous ces résultats théoriques sont d'une vérité palpable et que personne ne peut contester, en admettant, nous le répétons, la normale de 10 p. 100 de matière sucrée fermentescible. Mais la pratique est loin d'atteindre ces mêmes résultats, soit par l'imperfection des procédés employés, soit par les différences de qualités des betteraves ou de leurs valeurs saccharines.

Voici, à ce sujet, les produits moyens de la pratique, sur lesquels on fera bien de se baser, afin d'éviter toute cause d'erreur volontaire.

Mille kilogrammes de betteraves donnent, en moyenne, 47 litres 25 d'alcool à 84° centésimaux, ce qui produit, pour 50,000 kilogrammes ou pour la récolte d'un hectare, un total de 23 hectolitres 62, pendant que la théorie indique, pour 1 hectare, 35 hectolitres 95, c'est-à-dire une différence en plus de 12 hectolitres un tiers.

Il va de soi qu'en attendant les perfectionnements à faire dans les appareils et dans les méthodes d'alcoolisation de la betterave, un homme prudent et sérieux ne doit prendre pour base de ses opérations que les résultats constatés par la pratique, dans la crainte de se fourvoyer. Avant donc d'établir les principes sur lesquels repose l'alcoolisation de la betterave, et, en général, de *toutes les racines sucrées*, nous croyons devoir mettre sous les yeux de nos lecteurs le tableau suivant, dans lequel ils trouveront réunies les indications de la pratique et celles de la théorie.

Tableau comparatif des produits alcooliques d'un hectare de betteraves et du prix de revient.

PRATIQUE.	THÉORIE.
Produit en poids, 40,000 kil.	50,000 kil. à 60,000 kil.
Prix de revient à 16 f. 21 0/00 (DE DOMBASLE) .... 648 f.	à 8,50 0/00—425 à 510 fr.

Différence pour la théorie, 7,71 par 1,000 kil.

Alcool produit à raison de 47^{lit},25 par 1,000 kilogrammes, 18^{hect},90.	Alcool produit à raison de 71^{lit},90 par 1,000 kilogrammes, 35^{hect},95 à 43^{hect},54.

Prix de revient.

Matières premières ... 648 f.		425 fr.	à	510 fr.
Alcoolisat. à 7,60 0/00 304		380	à	356
Total....... 952 f.		805 fr.	à	966 fr.
(pour 18^{hect},90).		(pour 35^{hect},95.)		(pour 43^{hect}.)
Prix de revient du litre, environ............. 50 c.		Environ........... 22 c.		

De ce tableau, il résulte qu'en définitive la théorie annonce que l'on peut produire l'alcool à 50 p. 100 meilleur marché que la pratique ne peut l'obtenir aujourd'hui. Voici, d'ailleurs, les principes sur lesquels repose l'alcoolisation des betteraves et des racines sucrées, sur lesquels nous ne prétendons faire aucune discussion.

Nous ferons seulement remarquer à nos lecteurs que, notre but étant spécialement agricole, nous ne voyons dans la production de l'alcool qu'un moyen d'augmenter les ressources de la ferme ; aussi commençons-nous la série des principes que le fermier-distillateur ne doit jamais oublier par le suivant :

1° *Ne produire de l'alcool et ne traiter les racines qu'au fur et à mesure des besoins de l'étable.*

C'est qu'en effet, et nous ne saurions trop le répéter, l'engraissement du bétail est la chose première, importante ; l'alcool n'est que l'accessoire, destiné à procurer cet engraissement à un prix de revient moins élevé.

2° *Adopter une méthode d'alcoolisation qui conserve à

la pulpe la plus grande quantité de principes nutritifs, tout en s'emparant de toute la matière alcoolisable. Cette règle est évidemment la conséquence de la première, et nous verrons, en examinant les divers procédés en usage, comment divers expérimentateurs ont su la rendre éminemment pratique.

3° *Chercher à obtenir la conversion en sucre fermentescible du sucre cristallisable et même de la fécule, que l'on ne doit jamais négliger.* Nous indiquons les moyens de parvenir à l'accomplissement de cette règle, qui intéresse à un si haut degré la question du rendement alcoolique. Il suffit, pour en comprendre toute la portée, de se rappeler ce que nous avons exposé dans le chapitre précédent sur la nécessité de transformer en *glucose, seule fermentescible,* tous les éléments susceptibles de subir cette transformation.

4° *Ne jamais faire entrer dans l'appareil distillatoire de matière à l'état pâteux.* On ne doit jamais distiller que des *liquides ;* sans cela, on s'expose à deux inconvénients graves : on brûle le fond de son appareil et on communique aux produits une odeur et une saveur détestables. C'est ce qui arrive pour la pomme de terre, quand on la soumet à la distillation sous forme d'une bouillie plus ou moins épaisse obtenue par la cuisson de ces tubercules. En un mot, on ne doit jamais distiller que du *vin*, à moins d'employer des appareils spéciaux.

5° *Il faut obtenir le vin ou la vinasse à distiller le*

plus promptement possible. Cette règle n'a besoin d'aucun commentaire.

6° *On doit arrêter la fermentation le quatrième jour au plus tard.* Ceci a pour but d'obvier à la perte que nous avons signalée comme irréparable, laquelle reconnaît pour cause la production de l'acide acétique ou du vinaigre.

7° *Utiliser les vinasses qui ont été soumises à la distillation.*

Cette recommandation est de la plus haute importance, et nous comprenons parfaitement que maints inventeurs l'aient revendiquée comme leur appartenant. Pour nous, qui sommes loin de ces débats, nous en constatons seulement l'immense portée, sans en rechercher le véritable père, qui, du reste, nous est inconnu. En reprenant les vinasses qui ont déjà servi, pour en faire le liquide d'une préparation suivante, on évite la perte de la matière sucrée, qui résulterait d'une fermentation incomplète, et l'on donne aux pulpes et aux résidus une valeur beaucoup plus grande. Par l'exécution de cette règle, on n'a plus à s'inquiéter des résidus liquides ni de leur écoulement ; on économise la chaleur, et la matière sucrée obtenue à l'aide des vinasses (1) fermente plus facilement.

Telles sont les règles capitales, les principes les

---

(1) Il est vrai de dire que les vinasses chaudes développent la mauvaise odeur des alcools de betterave ; mais nous indiquons dans notre ch. V notre modification dans cette partie du procédé.

N. B.

plus importants qu'il convient de ne jamais perdre de vue quand on distille la betterave ; le lecteur nous saura gré de les avoir réunis et groupés ici avant de nous occuper des méthodes proprement dites. Il pourrait se faire en outre que, malgré la manie *betteravière* qui s'est emparée de tous les esprits en si peu de temps, les gens sérieux ne fussent pas complétement édifiés sur l'avenir de la nouvelle industrie : nous allons dire à ce sujet toute notre pensée, et nous devons clore ce chapitre par les opinions qui ont été émises depuis quelque temps.

L'importance de l'alcool comme produit industriel est immense : nous ne sommes plus au temps où ce corps ne servait qu'en médecine, ou encore au cabaret sous forme d'eau-de-vie. Aujourd'hui, on compte des centaines d'industries qui tomberaient sans l'alcool, et ce fait explique suffisamment son importance croissante. La fabrication des vernis, la préparation d'un grand nombre de produits chimiques fort employés, celle de l'éther, qui tend à prendre un accroissement prodigieux, mille autres branches industrielles, réclament une production abondante d'alcool. Sans nous étendre davantage, nous croyons donc à l'avenir le plus riche pour cette industrie, et nous la pensons appelée à rester longtemps à la tête de toutes les autres.

On a fait, à propos de la betterave, une objection sérieuse ; la voici : « Mais si les sucreries de betteraves se transforment en distilleries, quel que soit le bénéfice, l'avantage momentané du fabricant, n'en résultera-t-il pas un dommage général par la rupture de l'équilibre établi de fait entre la production du sucre indigène et celle du sucre colonial ? » Nous pourrions répondre à cette question et fatiguer notre lecteur par de longues considérations sur la fabrication du sucre indigène ; nous nous en gardons bien. Remarquons seulement que cette objection, tout en déplaçant le terrain de la question, présente quelque chose de grave en ce qu'elle invoque le bien général, méconnu par l'intérêt privé. C'est sous ce rapport que nous l'avons envisagée lorsqu'elle s'est produite; aussi nous rangeons-nous complétement de l'opinion des personnes qui veulent faire de l'alcool un produit agricole, une simple question de ferme. Si cela est vrai pour le vin, pour le cidre et tant d'autres substances, pourquoi l'alcool ferait-il exception, surtout si l'on considère la betterave dans la ferme comme un élément de nourriture, comme un fourrage-racine dont on cherche à diminuer le coût par la production de l'alcool ? Les sucreries n'ont rien à voir dans la question ainsi modifiée et replacée dans ses vrais termes, et pour nous l'objection n'existe plus.

On pourrait mieux faire encore, et nous allons faire part à nos lecteurs d'une idée pratique dont nous nous sommes entretenu souvent avec M. Laverrière, ancien directeur de l'*Agriculteur praticien* (1).

______

(1) L'*Agriculteur praticien* paraît tous les quinze jours par liv. de 24 pag. avec fig. dans le texte. Prix de l'abonnement pour l'année : 6 fr. Les abonnements datent du 1er octobre de chaque année. GOIN, éditeur à Paris.

Pourquoi n'établirait-on pas des distilleries communes, analogues aux fruiteries destinées à la fabrication du fromage en diverses contrées ? Le petit métayer, le propriétaire d'un domaine peu étendu, pourraient, de cette façon, jouir des avantages réservés aux g ns aisés, qui peuvent établir à leurs frais des distilleries particulières. On se cotiserait pour les frais d'établissement, ou même, dans certains cas, on pourrait en faire une affaire toute communale et obtenir l'assentiment de l'administration.

Le local trouvé, les appareils établis, on mettrait à la tête un distillateur qui serait responsable de tout ce qui pourrait arriver : il choisirait ses aides à son compte, fournirait le combustible et serait tenu de pourvoir à l'entretien des appareils.

Pour l'indemniser de son travail et de ses soins, il serait autorisé à garder une partie des produits dans des proportions fixées à l'avance par un traité formel et dont on ne pourrait pas se départir.

La proportion varierait depuis un vingtième jusqu'à un dixième des produits, selon l'importance de la localité ; en sorte que le *fruitier-distillateur* y trouverait un intérêt assez puissant pour le porter à bien faire. Ainsi, vous avez dessein de traiter 1,000 kilogrammes de betteraves pour les besoins de vos bestiaux, vous les portez à la distillerie, et aussitôt, sans même vous faire attendre la distillation, on vous remet une quantité d'alcool et de pulpes proportionnelle. Le distillateur dispose alors de vos betteraves, *qu'il a payées ainsi selon un tarif prévu,* à moins que vous ne préfériez attendre que vos propres betteraves soient traitées, et ne recevoir ce qui vous revient de pulpes et d'alcool qu'après leur distillation.

Nous n'entrons pas dans les autres détails de ce plan, qui nous paraît très-réalisable : on rencontre encore des hommes de cœur, des gens d'initiative sérieuse ; qu'ils l'étudient et voient s'il n'y a pas là les éléments d'une utile création.

On pourrait étendre ce plan à la vente de l'alcool, et le distillateur pourrait être tenu de vous payer, au cours du jour ou au cours moyen de la semaine, la portion de ce produit à vous revenir ; enfin, il est très-facile de modifier le règlement de cet établissement selon les exigences des localités et d'autres raisons qu'il n'est pas de notre objet de déduire.

Oui, certes, et nous le disons en toute conviction, la production de l'alcool de betteraves est une industrie d'avenir ; mais, pour qu'elle reste dans sa véritable place et qu'elle conserve toute son utilité, il faut que ce soit une production agricole.

Nous sommes heureux de pouvoir mettre sous les yeux de nos lecteurs la lettre suivante, adressée au rédacteur du *Moniteur industriel*, et insérée dans cette feuille à la date du 26 février 1854. Elle contient des détails intéressants sur une application à la navigation à vapeur des produits alcooliques, et, par conséquent, indique une nouvelle voie à l'avenir de la betterave, envisagée comme nous le faisons ; nous citons textuellement.

« Lyon, 20 février 1854.

« *A Monsieur le rédacteur en chef du* Moniteur industriel.

« Monsieur,

« J'ai lu avec un intérêt tout particulier, dans le *Moniteur industriel* du 16 février courant, le compte rendu fait par M. A. Pommier sur la distillation de la betterave, d'après le procédé de M. Champonois. Je ne doute point que l'industrie ne trouve promptement la place de l'alcool que la généralisation de ces procédés pourra produire, quelque grande que soit la quantité introduite dans le commerce ; cependant, je puis, pour mon compte, en indiquer un emploi immédiat assez considérable et qui, dans l'avenir, pourra prendre une immense extension. Les essais faits à Marseille par la maison L. Arnaud et Touache frères, sur le navire le *Du Tremblay*, et à Lorient, par le Gouvernement, sur le navire le *Galilée*, ont démontré les avantages économiques que présentent les machines à vapeurs combinées, et il est à croire qu'avant peu de temps l'usage de ces machines sera généralement répandu ; or, elles emploient, comme liquide auxiliaire, l'éther sulfurique ou le chloroforme. L'alcool entre pour la majeure partie dans la fabrication de ces deux agents, qui, pour cause, se vendent aujourd'hui un prix assez élevé. Quelque minime que soit la perte ou consommation de ces liquides, il ne paraît pas possible qu'elle puisse jamais être réduite à moins d'un quart de litre par vingt-quatre heures et par force de cheval dans les machines les mieux confectionnées et dans les appareils les plus parfaits. Ces machines, applicables surtout à la navigation maritime et fluviale, comptent leur puissance par centaines de chevaux, et il est dès lors facile de se faire une idée du prodigieux développement qu'elles doivent donner à la consommation de l'alcool. Dans ce moment, on construit à Marseille, chez MM. Philip Tailor, deux appareils de trois cent cinquante chevaux chacun pour MM. L. Arnaud et Touache frères, de cette ville, et chez M. Cavé, à Paris, deux appareils de cinq cents chevaux chacun pour MM. Gauthier frères, de Lyon. Ces quatre appareils, représentant une force de dix-sept cents chevaux, consommeront environ 425 litres d'éther sulfurique par vingt-quatre heures; ce qui, pour cent cinquante jours de marche dans l'année, donnera un total de 63,750 litres. Je crois qu'il faut environ 3 litres d'alcool pour produire 1 litre d'éther sulfurique, ce qui représente, pour la marche de ces quatre navires seulement, une consommation annuelle de 191,250 litres d'alcool. Si l'on considère que l'emploi de ces machines sur terre et sur mer donne une économie nette de 50 p. 100 au minimum, déduction faite de la consommation d'éther sulfurique, on ne peut douter que leur application s'étende énormément dans un temps donné, et je ne crois pas qu'on puisse trouver un plus immense débouché à la production de l'alcool. Ne semble-t-il pas que Dieu fasse éclore chaque découverte en son temps ! En face des besoins créés par la généralisation des machines à vapeur combinées, doit-on attribuer au simple hasard cet heureux concours de circonstances qui fait que les ingénieux procédés de M. Champonois viennent à point fournir un aliment à ces besoins et augmenter encore, par le bas prix auquel il pourra livrer ses produits, l'économie apportée par le système des machines à deux vapeurs justement alors que l'extension donnée à l'industrie, et particulièrement aux moteurs à vapeur, élève le combustible à un prix excessif !.

« Veuillez agréer, etc.

« **Prosper du Trembley,**
« Auteur du système des machines à vapeurs combinées,
2, rue Constantine, à Lyon. »

Il est certain pour nous que la quantité d'alcool nécessaire aux besoins de cette industrie est appelée à des proportions colossales. Nous nous bornerons à la citation de cette lettre de M. du Trembley pour faire voir comment le mouvement immense qui s'opère dans toutes les branches de la science et de l'industrie est une garantie suffisante de l'écoulement facile des alcools à produire (1). A l'œuvre

---

(1) Il ne peut être inutile à ceux de nos lecteurs qui désireraient un renseignement plus précis sur ce remarquable emploi de la vapeur d'alcool, de lire une notice assez détaillée sur les machines à deux vapeurs. Cette notice, empruntée au journal la *Science* (22 avril 1856) et signée par M. Alfred de Gondrecourt, alors directeur de cette feuille scientifique, révèle d'ailleurs l'histoire de cette idée et les droits de M. Lafond à la priorité. Nous citons textuellement :

donc, et que le fermier et l'agriculteur comprennent que c'est à eux seuls qu'il appartient de donner l'essor convenable à cette grande création. Pour eux, l'alcool sera toujours à bas prix ; pour le distillateur proprement dit, les prix de revient seront toujours

---

« Nous présentons à nos lecteurs les détails suivants sur les machines du *Galilée* ; il ne sera peut être pas sans intérêt d'établir l'histoire de l'invention des machines à deux vapeurs, qui paraissent appelées à rendre de si grands services à la navigation et à l'industrie.

« Nous devons d'abord rappeler quelques faits généraux :

« Les éléments essentiels d'une machine à vapeur à condensation sont : 1º une chaudière ou générateur de vapeur ; 2º un condenseur ; 3º un cylindre dans lequel se meut un piston bien ajusté qui est divisé en deux compartiments ne communiquant pas entre eux. — Lorsque la machine est en marche, un des compartiments communique avec la chaudière, et le piston reçoit de ce côté, en chaque point de sa surface, une pression égale à la tension de la vapeur dans la chaudière ; l'autre compartiment communique avec le condenseur et le piston éprouve encore de ce côté une pression égale en chaque point à la tension de la vapeur dans le condenseur. — La température du condenseur étant peu élevée, la tension de la vapeur y est très-faible ; le piston est donc poussé vers le condenseur avec une force égale à la différence des tensions de la vapeur dans la chaudière et le condenseur. — Lorsque le piston est arrivé à la fin de sa course, le cylindre se trouve plein de vapeur à la tension de la chaudière, et si, à ce moment, on change les communications, de manière que le compartiment qui communiquait avec la chaudière communique avec le condenseur et réciproquement, cette vapeur ira se condenser dans le condenseur, les pressions seront renversées et le piston sera poussé avec la même force en sens inverse de sa dernière course. — On aura ainsi un mouvement de va-et-vient du piston, qui se transmettra au dehors par l'intermédiaire d'une tige fixée au piston, et que l'on transformera ensuite de la manière la plus convenable pour le travail à effectuer. Pour que le jeu de la machine ait lieu, on voit qu'il faut, à la fin de chaque course du piston, condenser la vapeur qui remplit le cylindre. On opère cette condensation en injectant de l'eau froide dans le condenseur. Cette eau d'injection s'échauffant par la condensation de la vapeur, doit être renouvelée à chaque coup de

6

plus élevés, sans même y comprendre l'intérêt de capitaux considérables. En faisant de l'alcool, l'agriculteur utilise un produit à peu près perdu ; ses pulpes conservent la même valeur, souvent même elles profitent plus aux animaux ; il y a donc tout béné-

---

piston ; une petite partie est envoyée dans la chaudière pour remplacer l'eau réduite en vapeur ; le reste est rejeté au dehors. On perd donc ainsi à peu près toute la chaleur que possédait la vapeur d'eau.

« Un officier très-distingué de la marine impériale, M. Lafond, est parvenu à utiliser cette énorme quantité de chaleur en l'employant à chauffer un liquide très-volatil, capable de donner, à une température peu élevée de la vapeur à une assez forte tension.

« L'appareil dont il se sert à cet effet se compose : 1° d'une grande enveloppe en fonte dans laquelle la vapeur se rend après avoir agi dans le cylindre ; 2° d'un appareil tubulaire renfermé dans cette enveloppe et contenant le liquide volatil à échauffer.

« Cet appareil tubulaire est formé de tubes en cuivre à minces parois, soudés par leurs extrémités dans deux plaques de bronze qu'ils traversent ; deux cuves de forme prismatique rectangulaire sont adaptées sur ces plaques, avec lesquelles elles sont réunies par des joints hermétiques. Cet appareil repose sur le fond de l'enveloppe par une de ces cuvettes. Le liquide remplit la cuvette inférieure et les tubes, la cuvette supérieure forme le réservoir à vapeur. — Lorsque la vapeur d'eau arrive dans l'enveloppe, elle se répand tout autour des tubes et leur cède une partie de sa chaleur. La température des tubes tend donc à s'élever ; mais le liquide volatil qui les remplit leur enlève la chaleur à mesure qu'elle leur est transmise et se transforme en vapeur, qui s'élève dans le réservoir. On voit donc que, si on remplace le liquide volatil à mesure qu'il se volatilise, de manière à maintenir son niveau constant, les tubes ne pourront pas s'échauffer et la vapeur d'eau se condensera sur leurs parois.

« Il importe de remarquer que l'écoulement de la vapeur d'eau ayant lieu d'une manière continue vers le condenseur, il y aura formation continue de vapeur du liquide volatil dans l'appareil tubulaire. Cette vapeur est conduite, à mesure de sa formation, dans un cylindre, où elle agit à la manière de la vapeur d'eau. Pour opérer sa condensation, on a un deuxième appareil formé, fice à la ferme, ce qui ne peut exister dans la fabrique.

D'ailleurs, le plan dont nous avons exprimé l'idée, sur les *distilleries communes*, permettrait de donner à la fabrication des *trois-six* une énorme extension.

---

comme le premier, d'une enveloppe en fonte et d'un appareil tubulaire. La vapeur, après avoir agi dans le cylindre, se rend dans l'intérieur des tubes, auxquels elle transmet sa chaleur. — Une pompe refoule de l'eau dans l'intérieur de l'enveloppe, de façon à refroidir les tubes par un courant constant d'eau froide. La vapeur se condense donc, et le liquide qui en provient est repris par une petite pompe qui le refoule dans le vaporisateur. C'est cette pompe qui maintient le liquide du vaporisateur à un niveau constant. On voit ainsi que la même quantité du liquide volatil peut servir à condenser une quantité indéfinie de vapeur d'eau. — La seule perte de ce liquide qui ait lieu est occasionnée par les fuites des tiges du piston et du tiroir, qui laissent toujours passer une petite quantité de vapeur. Toutefois, lorsque les presse-étoupe fonctionnent bien, la perte ne dépasse pas 1 ou 2 litres de liquide par jour de chauffe.

« On voit, par ce qui précède, que l'on peut employer un liquide volatil quelconque, pourvu qu'il n'attaque pas la matière de l'enveloppe qui le renferme. Le meilleur sera, évidemment, celui qui, pour une même quantité de chaleur, donnera le plus grand volume de vapeur à une tension déterminée. M. Lafond a d'abord employé l'éther et a construit, il y a plus de dix ans, une machine binaire qui a longtemps fonctionné dans un de nos ports militaires. Mais les vapeurs d'éther, mélangées à l'air en certaines proportions, forment des mélanges détonnants ; ces vapeurs, d'ailleurs très-lourdes, tendent, lorsqu'il y a des fuites, à s'accumuler dans la partie basse de la chambre des machines. On ne peut donc employer ce liquide sans danger, à moins que la chambre des machines ne soit bien aérée et séparée des foyers des chaudières. Ces inconvénients ont dû forcer M. Lafond à employer un autre liquide lorsqu'il a voulu appliquer son système à la navigation. Le liquide qu'il a adopté est le chloroforme, dont les vapeurs ne se brûlent pas à l'air et qui présente, sous le rapport de l'augmentation de puissance, à peu près les mêmes avantages que l'éther.

« Une machine, construite sur les plans de M. Lafond et marchant par les vapeurs combinées d'eau et de chloroforme, a été ins-

On ne peut trop le redire, ce ne serait plus qu'un produit agricole annexé à la production de la viande ; les deux produits se prêteraient un mutuel appui en diminuant le prix de revient et par conséquent les chances de pertes ; en un mot, ce serait le succès.

---

tallée à bord du navire à vapeur de l'Etat le *Galilée,* où elle fonctionne parfaitement depuis bientôt une année. La chaudière fournit de la vapeur à deux atmosphères de tension, ce qui donne 2 kilogrammes de pression par centimètre carré de la surface du piston. La tension, dans le condenseur, est de 45 centimètres, ce qui donne 6 hectogrammes par centimètre carré de surface du piston. La force qui pousse le piston est donc de 2 ^{k} — 0,6 ou 1 kilogramme 4 hectogrammes par centimètre carré. La tension, dans le vaporisateur du chloroforme, est de 106 centimètres et de 15 centimètres dans le condenseur, ce qui donne, pour la force exercée sur le piston, par centimètre carré, 1 kilogramme environ.

« Cette force est moindre que celle qui s'exerce sur le piston du cylindre à vapeur d'eau de un tiers environ. Mais il se produit dans le vaporisateur un volume de vapeur de chloroforme plus grand que celui de la vapeur d'eau condensée ; de sorte qu'on a pu donner au piston du cylindre à vapeur de chloroforme une plus grande surface. La surface de ce piston surpasse celle du piston du cylindre à vapeur d'eau de un tiers exactement ; la somme des efforts exercés sur chaque piston se trouve ainsi ramenée à l'égalité. — Si, dans le cylindre à vapeur d'eau, la condensation était opérée par le procédé ordinaire de l'injection, la tension dans le condenseur serait de 10 à 15 mètres, ce qui donnerait 1 kilogramme 8 hectogrammes environ, pour l'effort exercé par centimètre carré de la surface du piston, au lieu de 1 kilogramme 4 hectogrammes que l'on obtient par le procédé de M. Lafond. Mais il faut remarquer que, dans le premier cas, la quantité de vapeur consommée par coup de piston serait plus considérable que dans le deuxième. On sait, en effet, que la vapeur, en sortant de la chaudière, entraîne avec elle des vésicules d'eau qu'elle tient en suspension et qui se déposent en partie sur les parois du cylindre. Lorsque cette vapeur communique avec le condenseur, elle se comporte comme les vapeurs en contact du liquide qui a servi à les former ; c'est-à-dire que, si la pression baisse, la température baisse en même temps ; l'eau en suspension et celle déposée sur les parois du cylindre donnent de la vapeur jusqu'à ce que le liquide

D'après les travaux et les recherches auxquels nous nous sommes personnellement livré depuis plusieurs mois, nous avons pu nous convaincre que le prix moyen de revient des alcools de betterave est de 70 à 80 centimes pour les distillateurs, tandis

---

restant soit arrivé à la température du condenseur. Le métal du cylindre, à cause de sa conductibilité, tend évidemment aussi à prendre cette température. Lorsque la vapeur affluera de nouveau dans ce compartiment du cylindre, une partie se comburera évidemment, en abandonnant sa chaleur aux parois du cylindre et au liquide qui y est contenu. La vapeur, ainsi condensée, ne produira évidemment pas d'effet utile, et sa quantité sera d'autant plus grande, que la différence de température entre la chaudière et le condenseur, sera elle-même plus grande. Dans le système des vapeurs binaires, la température du condenseur de la vapeur d'eau est de 88º environ, celle de la chaudière de 120º, ce qui donne pour différence 32º. — Dans le système ordinaire, la température du condenseur est de plus de 55º ; la température de la chaudière restant de 120º, la différence est 65º, c'est-à-dire de plus que le double de la première. La quantité de vapeur condensée dans ce dernier cas est donc plus que le double de celle condensée dans le premier ; dans le système binaire, la quantité de vapeur dépensée par coup de piston sera donc moindre que dans le système ordinaire, et, par suite, si l'on veut consommer la même quantité de vapeur, il faudra augmenter la capacité du cylindre, et c'est ce qu'on a fait.

« Le système binaire présente encore différents avantages, comme, par exemple, d'alimenter la chaudière avec de l'eau plus chaude. L'eau d'alimentation est prise au condenseur. Or, la température du condenseur est de 88º, tandis qu'elle n'est que de 50º à 55º dans les machines ordinaires, ce qui fait une différence de 33º au moins. La même quantité de chaleur, ou, ce qui revient au même, la même dépense de combustible, produira une plus grande quantité de vapeur, ce qui permettra d'augmenter encore la capacité du cylindre, si l'on veut que la dépense de charbon correspondante à chaque coup de piston soit la même. Ajoutons à cela que, par l'injection, on introduit dans le condenseur une grande quantité d'eau qu'il faut rejeter presque tout entière au dehors, ce qui n'a pas lieu dans le système binaire, où la vapeur du chloroforme seule est refroidie par une sorte d'injection.

6.

qu'il ne peut dépasser la moitié pour l'agriculteur engraisseur. Nous ne désespérons pas de voir, d'ici à quelques années, lorsque l'opinion aura dirigé l'attention des hommes de recherches vers la *plante*, vers le *produit de la terre*, l'alcool commercial tom-

---

« Il ne serait pas possible, dans un exposé aussi court, de faire connaître les avantages du nouveau genre de machines à vapeur. Mais ce qui a été dit suffira, sans doute, pour faire voir que l'augmentation de puissance obtenue par l'emploi du chloroforme, comme liquide auxiliaire, est beaucoup plus grande qu'il n'avait paru d'abord, par la seule comparaison des efforts exercés sur l'unité de surface du piston dans les deux systèmes. M. Lafond a obtenu la même puissance que dans les machines ordinaires avec une consommation de charbon qui n'est pas la moitié de la consommation ordinaire. La machine de cent vingt chevaux installée sur le *Galilée* consomme un peu plus de six tonneaux de charbon par jour de chauffe, au lieu de quinze tonneaux environ que consommerait une machine ordinaire donnant au navire la même vitesse. Admettons que l'économie soit de sept tonneux seulement ; à 35 fr., prix du tonneau, l'économie serait par jour de **245 fr.** Pour avoir l'économie réelle, il faudrait déduire de cette somme la valeur du chloroforme consommé par jour ; mais, outre que la perte n'a pu être encore observée d'une façon bien exacte, il faut remarquer que le chloroforme est encore un produit de laboratoire et coûte par conséquent fort cher ; mais, si l'industrie venait à l'employer en grande quantité, il n'est pas douteux qu'on ne trouvât bientôt un procédé de préparation en grand qui permettrait de l'obtenir à un prix très-réduit, comme l'éther et d'autres substances. L'emploi du chloroforme n'est pas d'ailleurs indispensable. M. Lafond a même essayé de le remplacer par l'esprit de bois, que l'on obtient à très-bas prix, et la seule différence a été une petite diminution de la puissance du cylindre à vapeur d'eau, compensée par une augmentation à peu près équivalente de la puissance du cylindre auxiliaire. La quantité de liquide perdu ne dépassant pas 1 ou 2 litres par jour, la dépense qui en résulte peut être négligée devant l'énorme économie de charbon réalisée.

« Pour faire bien apprécier, sous le rapport de l'économie, l'importance des résultats obtenus par M. Lafond, il nous suffira de dire que, sur nos vaisseaux mixtes de six cents chevaux, on consomme plus de soixante-dix tonneaux de charbon par jour ; et sur

ber à 25 fr. l'hectolitre en moyenne ; ce résultat ne peut être atteint que par l'association agricole, il est vrai ; mais, tôt ou tard, les choses justes, les idées saines et pratiques finissent par recevoir leur application.

Nous terminons ce chapitre par une proposition

les vaisseaux à grande vitesse, comme le *Napoléon*, jusqu'à cent tonneaux. En prenant toujours 35 fr. pour le prix moyen du tonneau, cela fait, pour les premiers, une dépense de 2,450 fr. par jour, et, pour les deuxièmes, de 3,500 fr. Ces chiffres suffisent pour montrer quelles immenses économies seraient réalisées par l'emploi du système des machines à deux vapeurs. — Mais ce n'est pas le seul avantage de ces machines appliquées à la navigation. En admettant qu'une machine binaire ait le même poids qu'une machine ordinaire de la même force, ce qui n'est pas, on voit que le navire pourrait toujours prendre la même quantité de charbon, et, comme sa consommation journalière n'est pas la moitié de la consommation ordinaire, on pourrait exécuter des traversées plus que doubles de celles auxquelles les navires à vapeur sont aujourd'hui limités. Ces machines paraissent donc destinées à transformer la navigation, en donnant à l'emploi de la vapeur sur mer une rapide extension, qu'il eût été impossible d'atteindre autrement.

« Nous ne finirons pas sans combattre une objection que l'on a longtemps faite à l'emploi du chloroforme. On craignait qu'il ne réagît sur l'intelligence des hommes employés dans la machine, à la manière de l'opium, et ne les conduisît promptement à l'idiotisme. L'expérience a détruit ces craintes. On prétend seulement que ces hommes cessent, après un certain temps, d'être sensibles à l'action du chloroforme, si bien qu'on ne pourrait s'en servir pour les endormir pendant une opération. C'est le seul résultat qui paraisse bien constaté.

« En voilà maintenant assez pour faire bien apprécier l'invention de M. Lafond. Le principe sur lequel elle est fondée possède, à un degré éminent, ce caractère de simplicité que l'on retrouve dans tous les principes scientifiques qui ont fourni à l'industrie des applications fécondes, et qui seul suffirait à un esprit philosophique pour les reconnaître.

« L'expérience a prouvé, par les économies réalisées, la valeur dont la portée n'a pas besoin d'être expliquée pour être sentie :

Toute plante, graine, racine, toute portion de végétal contenant de la fécule ou du sucre ou même un tissu transformable en sucre, est facilement alcoolisable.

Si donc on se rend un compte exact de cette vé-

---

du système. La seule chose qu'il nous reste à en apprendre, c'est la durée des appareils tubulaires. Mais, de ce côté, le système est inattaquable.

« Tous les appareils ont été essayés à une pression de neuf atmosphères à l'intérieur, tandis qu'ils ne sont destinés à en supporter qu'une de six à sept tout au plus. Le liquide employé n'exerce aucune action chimique sur le métal et l'appareil, qui, du reste, est protégé contre tout choc extérieur par l'enveloppe de fonte. On ne voit donc pas comment les appareils pourraient se détériorer autrement que par le frottement du liquide et de la vapeur sur les parois des tubes.

« Si le liquide est maintenu bien propre, cette cause d'usure est peu énergique, et l'on peut avec certitude présager aux appareils une longue durée.

« Quoi qu'il en soit, l'essai de M. Lafond est, sans contredit, la tentative la plus remarquable de perfectionnement des machines à vapeur depuis les travaux de l'illustre Watt, et son nom occupera désormais une place distinguée dans l'histoire de ces machines à vapeur, à côté de ceux de Papin, Newcomen, Watt, Evans, etc.

« M. Lafond est un ancien élève de l'École polytechnique, et son nom est un nom de plus à ajouter à cette pléiade d'hommes distingués qui l'ont illustrée dans toutes les branches des sciences et de l'industrie. »

En outre de l'intérêt qui se rattache à ce document, nous l'avons reproduit avec d'autant plus de plaisir que nous sommes heureux d'y avoir rencontré des faits certains et des détails que l'impartialité nous faisait un devoir de mettre en relief. Ce n'est pas à nous de trancher la question entre M. Lafond et autres, mais il est bon que le public puisse avoir les éléments d'une discussion sous les yeux pour se prononcer en toute connaissance de cause.   N. B.

rité, on arrive à déduire plusieurs conséquences relatives à l'usage que l'on peut faire de certaines plantes pour la fabrication de l'alcool ; nous en indiquerons les plus importantes en mentionnant les éléments alcoolisables. Nous reviendrons, au reste, sur cette question dans un petit travail spécial où seront consignées, nos expériences sur l'alcoolisation de ces plantes et leur rendement pratique, en mettant en regard les chiffres de la théorie.

Plantes alcoolisables.

NOMS.	ÉLÉMENTS.		
Betterave..................	Sucre de canne,	glucose,	fécule.
Carotte....................	—	—	—
Sorgho sucré (tiges).........	—	—	—
Maïs (tiges)........	—	—	—
Potiron et melon............	—	—	—
Citrouille et courge.........	—	—	—

(Toutes les plantes de la famille des courges sont à la fois saccharifères et féculentes.

Navet.....................			
Rutabaga.................	Sucre de canne, glucose, fécule.		
Rave.			
Tropœolum tuberosum (capucine tubéreuse)	—	—	
Pomme de terre.............	—	—	

(Et toutes les plantes tuberculeuses, oxalis, etc., etc.)

Topinambour (1)............	Sucre de canne, glucose, fécule.		
Pommes,			
Poires,	et tous les fruits proprement dits	—	—
Prunes,			

---

(1) Contient en outre de la *pectosine*.　　　　　N. B.

Toutes les céréales :

Blé, orge, seigle, sorgho, millet...................... fécule.
Avoine, sarrasin, maïs (graines...................... —
Riz (la meilleure de toutes)...................... —
Vesces, pois...................... —
Fèves, haricots, lentilles, etc.. .... —
Asphodèle rameux...................... pectosine.

Ce tableau est loin d'être complet ; nous possédons dans nos cartons un compte exact d'expériences précises faites sur quatre-vingt-deux plantes ou matières alcoolisables, présentant toutes un intérêt considérable. Nous n'avons voulu que faire pressentir ici toutes les vastes conséquences de la proposition que nous venons d'exposer.

IV

Examen des systèmes et des méthodes d'alcoolisation de la betterave.

M. Dubrunfaut, M. Champonois, M. Kessler, M. Léplay.

En présence d'un avenir brillant, d'une situation exceptionnelle, les méthodes abondent, les systèmes se dévorent. Nous allons examiner de sang-froid et avec impartialité tout ce qui en vaut la peine, sans nous laisser suprendre par l'autorité ou l'ascendant de partisans plus ou moins célèbres, dont les efforts tendent à faire tomber *un tel* pour le triomphe et la gloire d'*un autre tel*. Et pourtant, s'il est quelque chose dont l'impartialité soit la propriété, l'emblème absolu, ce devrait être la science pratique, celle qui apporte à l'industrie les produits de ses veilles à mettre à exécution.

Avant d'entrer dans l'examen critique des sytèmes en présence, nous croyons devoir dire hautement qu'il n'y a pas un seul procédé, breveté ou non, qui puisse empêcher la fabrication libre de l'alcool de betteraves ou de toutes les autres plantes que nous avons mentionnées. Le domaine public est assez riche pour que l'on ne soit pas obligé de faire un emprunt à des *brevets ;* ce n'est qu'une question de principes connus depuis longtemps, torturés dans tous les sens pour faire de telle ou telle application une matière à *brevet.*

Que les cultivateurs se tranquillisent donc à cet égard ; ils peuvent alcooliser leurs plantes-racines à leur gré sans entrer dans aucune question de brevet, en suivant pour base les principes que nous avons énoncés dans les deux chapitres précédents.

Les principales méthodes mises en usage jusqu'à présent sont les suivantes :

1º *Distillation du jus concentré à l'état de sirop fermenté.*

Nous ne parlerons pas de ce système, qui ne présente ni économie ni aucune des qualités d'une méthode pratique.

2º *Distillation de la pulpe même, cuite ou crue, fermentée.*

Ce système pèche évidemment contre un des principes que nous avons posés précédemment ; par là, on introduit la matière à l'état pâteux dans l'appareil distillatoire et l'on fait un détestable travail, à moins qu'à l'aide d'une distillation à la vapeur, dans un appareil à faux fonds, on n'évite les inconvénients que nous avons signalés.

3º *Distillation du jus sucré, fermenté, obtenu par la pulpation et la pression ou par macération.*

4º *Distillation du moût obtenu par la réaction de l'eau chaude acidulée sur les betteraves séchées ou cossettes.*

Afin de n'avoir plus à revenir sur la distillation des betteraves séchées, laquelle ne présente à nos yeux, pour le fermier-distillateur, qu'un avantage très-médiocre, disons tout de suite en quoi cette méthode consiste, d'après le procédé de M. Douay-Lesens, de Valenciennes. On coupe les betteraves bien nettoyées en petits morceaux ; on les fait sécher à l'étuve sur une toile métallique et on les conserve. Quand vient le moment de les traiter, on les soumet à l'action de l'eau chaude aiguisée de 2 à 3 p. 100 d'acide sulfurique. On obtient ainsi un jus acide que l'on met fermenter dans une cuve avec un peu de graine de lin et de levûre de bière.

Si, comme le fait remarquer M. Barral, le but de l'acide est de changer le sucre cristallisable en sucre fermentescible, ce qui est vrai, comme nous l'avons dit précédemment, ce ne nous paraît pas être une raison pour ne pas neutraliser en partie cet acide à l'aide de la chaux ou de la craie. Une *légère* réaction acide aide à la fermentation, mais un excès d'acide est toujours nuisible.

M. Barral, qui a fait paraître dans le *Journal d'a-griculture pratique* une série d'articles sur le sujet qui nous occupe, a laissé se glisser dans le premier de ces articles quelques erreurs de chiffres. Nous les

7

relevons ici, parce qu'elles nous paraissent de nature à donner lieu à des calculs faux et à des déceptions.

Un kilogramme de sucre ne donne pas 600 *grammes d'alcool absolu,* mais bien seulement 511 grammes 20 centigrammes.

Ce résultat ne donne que 603 grammes de *trois-six* à 830 de densité et non 706 grammes, comme le dit M. Barral.

A la densité de 830, celle de l'eau distillée étant 1,000 , 603 grammes d'alcool commercial équivalent à 73 centilitres environ.

Par conséquent, les 50 kilogrammes de sucre con-tenus *(d'après les chiffres, au minimum)* dans 1,000 kilogrammes de racines donneront 36 litres 50 d'alcool commercial, et non 41.

Nous ajouterons à cette rectification que l'appréciation *théorique* de M. Barral ne repose que sur la faible donnée de 5 p. 100 de sucre dans la betterave. Il est facile de voir qu'il y a erreur en cela, et nous ne mentionnerons pour le prouver que le résultat de la pratique, laquelle obtient 18 hectolitres 90 litres par 40,000 kilogrammes de racines, c'est-à-dire 47 litres 25 centilitres pour 1,000 kilogrammes, ce qui conduit à 6,47 p. 100 de sucre.

Quoi qu'il en soit de ces petites choses, nous nous plaisons à reconnaître, comme le fait M. Barral, que le cerveau des chimistes engendre tant d'idées que c'est grande peine d'en débrouiller le chaos. Nous ne nous arrêterons donc pas aux *inventions* plus ou moins brevetées que l'on a lancées à la tête du public ; nous avons à donner à nos lecteurs des choses plus utiles qu'une nomenclature du registre des brevets, et nous leur parlerons de quelques méthodes, de celle de M. Dubrunfaut, de celle de MM. Champonois et Bavelier, et de celle dite Leplay.

M. Barral a parlé, dans les articles déjà cités, de la méthode de M. Dubrunfaut ; nous croyons devoir reproduire ce qu'il en dit de plus important, en y ajoutant nos propres observations.

Nous ne portons pas aux nues M. Dubrunfaut, et nous sommes loin de vouloir nous faire le panégyriste de personne ; mais combien de fois ce travailleur obstiné a-t-il mis sur la voie d'autres chercheurs qui ont su profiter de *ses premières idées* et de *ses aperçus* ? Avons-nous besoin de citer des exemples ? M. Dubrunfaut a rendu trop de services à l'industrie pour avoir besoin qu'on le loue mal à propos.

Si nous avions à faire son éloge, nous ne pourrions mieux faire que de citer en entier la lettre de MM. Pétiot et Bonardat, mentionnée dans la 26e livraison du *Cosmos* (2e année, IIIe volume). Modestie et travail, tels sont les éléments de sa gloire.

Il mérite cependant quelque blâme, pour avoir rarement *parachevé* ses excellentes idées ; aussi l'accuserons-nous, avec M. Barral, de s'être laissé aller à prendre des vieilleries pour de la nouveauté : trop frappé de son objet, il a cru, chose commune, que ce qui le frappait bien fort était à lui. Après tout, quand les vieilleries sont assez bonnes, qu'importe, si elles sont accompagnées de nouveautés sérieuses ?

Voyons notre citation :

« M. Dubrunfaut a pris un brevet d'invention principal en octobre 1852 et trois brevets d'addition en décembre 1852, en février et en septembre 1853. Il dit qu'il a découvert que les acides énergiques, comme l'acide sulfurique, l'acide chlorhydrique, l'acide tartrique et l'acide oxalique ont, à certaines doses, la propriété d'empêcher les jus sucrés de fermenter, tout en changeant le sucre cristallisable en sucre interverti ou incristallisable ; c'est là un fait connu depuis longtemps. »

Ceci est vrai : M. Dubrunfaut ne peut se prévaloir de cette idée, qui est loin de lui appartenir. Encore, dans ce qu'il émet, y a-t-il une omission grave, à notre sens. Si les acides, *à une certaine dose*, ont la propriété de retarder ou d'empêcher la fermentation, ce n'est que *momentanément ;* leur action se détruit peu à peu, et l'on doit ajouter qu'*une légère réaction acide* favorise la fermentation, loin de l'empêcher. C'est, du reste, ce que M Dubrunfaut a dû reconnaître, si nous en jugeons par ce qui suit :

« M. Dubrunfaut ajoute qu'il a trouvé qu'à des doses moindres il arrive, avec l'acide sulfurique notamment, que le jus de betterave subit intégralement la fermentation alcoolique, sans qu'il y ait jamais de fermentation glaireuse ou lactique, qui donne tant de perte dans la distillation des mélasses, du glucose, etc. »

Voilà une idée juste : elle conduit à une application vraiment pratique que nous exposerons plus loin en indiquant notre opinion sur les lignes suivantes. Nous convenons, avec M. Dubrunfaut, que les mélasses, la glucose, etc., ne subissent que la fermentation régulière, alcoolique ou vineuse, quand on les additionne d'acide sulfurique et même d'acide tartrique. Pour avoir négligé cette précaution, nous avons éprouvé de la perte dans deux fermentations d'essai faites en 1853 : dans la première, la perte était de 34 p. 100 ; dans la seconde, elle était de 42 p. 100 sur le rendement alcoolique de mélasses fermentées, passées à la fermentation glaireuse.

« La quantité d'acide sulfurique qu'il faut employer est, d'après M. Dubrunfaut, de 1 à 2 p. 100 du poids du sucre contenu dans le jus de betterave, et quelquefois moins de 1 p. 100 ; ces proportions équivalent à des quantités d'acide variant entre 50 et 200 grammes par hectolitre de jus. La proportion d'acide sulfurique qui empêche la fermentation est de 2 à 3 p. 100 du poids du sucre. La température à laquelle part la fermentation est de 18 à 20° ; il faut éviter qu'elle s'élève pendant l'opération au delà de 28°.

« S'il est vrai qu'il n'y a pas besoin de levûre de bière pour obtenir la transformation du sucre en alcool, le procédé Dubrunfaut présente une idée nouvelle. Cependant l'auteur semble dire que la première fois il faut une petite quantité de levûre : on peut ensuite s'en passer, ajoute-t-il, en mettant dans les nouvelles cuves une proportion *non indiquée* de vin en train de fermenter, c'est-à-dire une partie du liquide d'une cuve déjà en pleine fermentation. »

Ici, M. Barral se trompe sans doute : en effet, on sait depuis longtemps que les matières sucrées végétales sont *toujours* accompagnées de *substances albuminoïdes* qui déterminent le changement du sucre de canne en sucre incristallisable et produisent la fermentation alcoolique sans le secours des acides : ce n'est donc pas une idée nouvelle ; mais on doit savoir gré à M. Dubrunfaut d'avoir appelé l'attention sur ce point, de l'avoir indiqué à la pratique : c'est là déjà un titre de gloire suffisant pour la noble ambition d'un homme sérieux.

Nous constaterons cependant qu'il est bon de conserver au moût une légère réaction acide qui favorise la fermentation et la détermine plus rapidement. Aussi nous condamnons tous ceux qui, après avoir employé l'acide sulfurique, ne le neutralisent pas par la craie de manière à n'avoir plus qu'une légère teinte violette du papier bleu de tournesol. C'est, du reste, ce qu'indique M. Dubrunfaut :

« L'inventeur indique l'emploi de la craie pour saturer l'acide qu'on pourrait avoir mis en excès ; il brevète un chauffe-vin particulier, et il signale le jus de topinambour comme pouvant donner aussi un ferment.

« M. Dubrunfaut brevète aussi l'extraction directe de l'alcool de la betterave préalablement coupée, ou de la betterave à l'état de cossette : nous avons vu que ce sont là des idées anciennes.

« L'inventeur conseille l'emploi de l'acide sulfurique sur la râpe même, de manière à acidifier la pulpe ; nous croyons cette méthode préjudiciable à la bonté de la pulpe, qui, on ne doit pas l'oublier, est un aliment précieux pour le bétail. Les distilleries de betteraves annexées aux exploitations rurales ne sont une bonne chose qu'autant que la pulpe peut être consommée par les animaux d'engrais. »

Il reste bien entendu que pour nous, gens agricoles avant tout, cette réflexion de M. Barral est de la plus éminente justesse. Nous ne voyons dans l'alcool qu'un moyen de produire de la viande à moindre prix, et tout ce qui empêche notre véritable but nous semble nuisible. N'allez pas demander à M. Dubrunfaut d'être agriculteur, il est industriel : sous ce rapport, il a parlé en véritable industriel ; mais, comme on le verra plus loin, il aurait pu modifier son emploi de l'acide sulfurique d'une manière moins nuisible à l'agriculture.

« Les appareils employés pour la distillation par M. Dubrunfaut ne sont autres, à quelques légères modifications près, que ceux des distilleries ordinaires. »

(BARRAL, Agric. pratique du 20 janvier 1854.)

Nous pourrions examiner les idées de M. Dubrunfaut d'après lui-même, car nous avons sous les yeux sa dernière brochure ; mais il nous paraît préférable de donner en résumé les conclusions rationnelles qu'inspirent la lecture de ses publications et la connaissance de ses travaux.

1° M. Dubrunfaut n'a rien ou presque rien inventé en science ; mais personne ne peut lui dénier sans injustice le mérite incontestable d'avoir habilement profité des lueurs scientifiques pour rendre à l'industrie d'éminents services ;

2° M. Dubrunfaut est l'homme industriel par excellence, *peu phraseur,* se trompant parfois, mais travaillant quand même à se rendre utile ;

3° Tout ce que M. Dubrunfaut fait entrer dans la *composition* de son procédé est vrai, quoique plus ou moins connu antérieurement en *théorie ;* mais il a le mérite d'avoir fait des faits pratiques avec les choses de théorie.

Si nous avons cru devoir être aussi explicite dans notre opinion sur M. Dubrunfaut, c'est que, nous le proclamons hautement, notre conviction est que la distillerie de la ferme (et non la distillerie industrielle) peut seule amener des résultats certains et d'avenir dans la fabrication des alcools.

Avant tout, justice et vérité.

Maintenant que nous avons dit sur M. Dubrunfaut et sa méthode ce que nous avions à dire, nous empruntons à M. A. Pommier, dans l'*Écho agricole,* les détails qui suivent sur le procédé de MM. Champonois et Bavelier.

« Nous signalions dans l'*Écho* du 16 juin, d'après la *Revue des inventions,* un procédé nouveau propre à traiter de la betterave, dans la ferme même, et généraliser ainsi la culture de cette racine, devenue plus précieuse encore par la funeste persévérance de l'affection des pommes de terre.

« Les auteurs de ce procédé étaient partis de ce

fait : que le cultivateur qui veut tirer de la betterave, comme nourriture du bétail, tout le parti possible, la coupe préalablement en tranches et la fait fermenter avec des pailles ou fourrages hachés. C'est en effet ainsi que la betterave s'emploie dans les exploitations intelligemment dirigées. Dans les unes, on fait cuire légèrement la betterave et on l'écrase, pour la mélanger aux pailles et fourrages hachés; dans les autres, on la tranche au coupe-racine, on la mêle aux pailles et fourrages découpés et on arrose le tas d'eau chaude pour activer la fermentation.

« Dans l'un et l'autre cas, les bestiaux sont très-avides de cette préparation ; mais, par l'effet de la fermentation, le sucre se décompose en alcool, et cet alcool non recueilli se perd dans la fermentation même.

« Conserver à la betterave ses qualités nutritives, recueillir l'alcool perdu, et cela par des moyens simples et économiques à la portée des exploitations rurales, tel est le problème que se sont posé MM. Champonois et Bavelier, et qu'ils nous paraissent avoir résolu.

« Il n'est pas un cultivateur qui ne comprendra parfaitement la pensée de M. Champonois. Il ne s'agit pas de convertir les agriculteurs en industriels, de leur demander des avances de capitaux considérables, des constructions dispendieuses, des machines coûteuses et d'un entretien difficile ; le cultivateur reste cultivateur, il calcule ce qu'il lui faut cultiver de betteraves pour entretenir un nombre déterminé de bestiaux, et au lieu de traiter chaque jour, comme nous l'avons indiqué plus haut, les quantités nécessaires à la nourriture de son bétail, il les traite également quotidiennement, mais par un procédé qui, après avoir retiré de la betterave la matière sucrée sous forme d'alcool, matière perdue par la fermentation à l'air libre, lui conserve tous les autres éléments salins, albumineux et azotés qui constituent essentiellement sa valeur nutritive. L'alcool est le produit secondaire qui vient diminuèr le prix de la betterave ; le but principal, essentiel, c'est la nourriture et l'engraissement du bétail et la production des engrais à bon marché.

« On conçoit tout ce qu'une pareille proposition a de séduisant au point de vue agricole ; mais plus sa solution devait présenter d'utilité, moins nous avons dû mettre d'empressement à la révéler au public ; avant d'avoir vu fonctionner le procédé, c'est-à-dire avant d'avoir examiné pratiquement et la production de l'alcool et la nourriture du bétail par les résidus de cette fabrication.

« L'opération vient d'être soumise à la pratique avec toutes ses conditions méthodiques dans une ferme appartenant à M. Huot, de Troyes, et c'est là que nous avons pu la suivre. Nous en faisons connaître aujourd'hui les détails et les résultats.

« L'installation est faite dans un petit bâtiment de 10 mètres de long sur 8 de large, et d'environ 5 mètres d'élévation.

« L'outillage se compose d'un appareil à distiller

fourni par la maison Cail et Cie, monté sur un fourneau en briques, de quatre cuves en bois pour la fermentation, de six cuviers pour la macération et
d'un coupe-racine ordinaire.

« L'appareil à distiller, dont le prix varie suivant
le prix du cuivre, a coûté.............. 2,000 fr.

« Les quatre cuves à fermentation,
120 fr. l'une...................... 480

« Les six cuviers à macération, 60 fr.
l'un............................. 360

« Le coupe-racine................. 150

« Tuyaux, robinets, pompes à jus,
moutage, fourneau, ustensiles, etc...... 2,000

« Total.......... 4,990 fr.

« On y emploie par jour, de six heures du matin
à six heures du soir, 2,250 kilogrammes de betterave, et il en sort 1,800 kilogrammes de résidus, et
180 kilogrammes d'alcool à 50°, dont M. Huot nous
a déclaré avoir refusé 95 fr. l'hectolitre.

« Le personnel se compose d'un ouvrier pour suivre la distillation et la fermentation, d'un second
pour la macération et d'un troisième pour charger
les betteraves découpées dans les cuviers.

« Le coupe-racine est mû et servi par trois
hommes.

« La dépense pour tout le chauffage est de deux
hectolitres de houille par jour ou l'équivalent en
bois. On le comprendra facilement, lorsque nous
expliquerons l'emploi des vinasses.

« Il est évident qu'avec un manège pour faire mouvoir le coupe-racine et le même nombre d'hommes à la distillation et à la macération, on pourrait traiter le double de betteraves.

« Nous avons dit plus haut que le cultivateur n'était pas ici un industriel, que son but devait être de nourrir le plus de bétail possible au meilleur marché possible. Le cultivateur peut donc établir son compte de plusieurs manières : ou vendre ses betteraves à sa distillerie en lui rachetant ensuite ses pulpes, ou bien considérer le produit de la distillerie comme un produit secondaire qui lui diminue, dans une plus ou moins forte proportion, le prix de la nourriture de son bétail et de l'engrais que celui-ci fournit.

« Chacun pourra faire son compte à sa manière ; nous l'établissons comme suit :

« 2,250 kilogrammes, travail d'un jour, à 16 fr. le mille...................................... 36 fr. » c.

« Main-d'œuvre et combustible...... 10 »

« Intérêt du capital à 10 p. 100 pendant deux cents jours de travail....... 2 50

« Entretien........................ 1 50

« Total de la dépense....... 50 »

« Voilà donc le prix de 2,250 kilogrammes de betteraves porté à 50 fr. ; mais vous vendez 180 litres d'alcool de 50°, au cours actuel, à 95 fr. les 100 litres, soit 171 fr. La betterave donnée au bétail n'a donc rien coûté, et vous avez encore 121 fr. de bénéfice.

« Quand même l'hectolitre d'alcool à 50°, qui vaut aujourd'hui 95 fr. sur place, tomberait des deux tiers, le prix de la betterave serait encore plus que couvert et le bétail aurait sa nourriture pour rien. Il tomberait encore plus bas que, ne diminuât-il la nourriture que de moitié, il y aurait encore grand avantage pour le cultivateur à utiliser ce procédé. Ainsi se justifie cette pensée fort juste de M. Champonois, que, chez le cultivateur qui distille de la betterave, l'alcool est l'accessoire et la betterave le principal.

« La macération est, on le sait, le déplacement des éléments constitués de la betterave, sucre, etc., etc., par l'eau, qui prend la place des éléments qu'elle a déplacés. Pour que la macération puisse s'opérer, il faut que le liquide macérateur soit versé chaud au degré d'ébullition ; mais l'eau, quand elle remplace dans les cellules de la betterave les éléments qu'elle y a déplacés, ôte au résidu de la macération une grande partie de sa valeur nutritive. C'est, indépendamment d'autres inconvénients de fabrication, ce qui a fait renoncer à la macération dans la fabrication du sucre.

« Pour éviter ce double inconvénient, c'est-à-dire le chauffage du liquide macérateur et le peu de valeur nutritive des betteraves macérées, qu'a fait M. Champonois ? Une chose très-simple : au lieu d'eau, il reprend, pour macérer la betterave, les vinasses qui sortent de l'appareil distillatoire ; ces vinasses, suffisamment chaudes et chargées des éléments qu'elles ont emportés une première fois, déplacent les principes sucrés, albumineux et autres de la betterave et se substituent à leur place ; de telle sorte qu'au lieu de résidus lavés par l'eau, quand on n'emploie que l'eau chaude à la macération, on a des résidus enrichis par les vinasses de tous les éléments mêmes de la betterave, moins le sucre qui s'est transformé en alcool. Il y a donc grande économie de combustible et produit alimentaire beaucoup plus riche.

« Quant à la fermentation des jus, elle est des plus simples. Elle se fait de continuité, sans emploi de levûre ; elle est combinée dans les quatre cuves à fermentation, de manière qu'il y en a toujours une à distiller le jour, une autre à distiller le lendemain et deux autres à moitié vides pour recevoir le jus frais de la macération.

« Tout cela est d'une simplicité parfaite et se fait sans interruption aucune et avec une telle régularité, que M. Huot retire de chaque cuve la même quantité d'alcool.

« En un mot, il n'entre dans la fabrique que de la betterave et il n'en sort que de la betterave et de l'alcool. Il n'y a pas d'eau à perdre comme dans la féculerie ou dans les distilleries, où les vinasses sont un embarras.

« Voici maintenant l'emploi que M. Huot fait des résidus.

« La betterave découpée en tranches, comme la choucroute, est retirée très-chaude des cuviers macérateurs au moyen d'un instrument des plus simples. Elle a une consistance de demi-cuisson, une saveur aigrelette, sans apparence de sucre.

« On la porte dans des cuviers en bois, où on la mélange avec des balles de paille, menues pailles et des fourrages hachés, et on la laisse ainsi pendant vingt-quatre à trente heures. Il se développe dans le tas une chaleur et une fermentation vineuse aromatisée par les fourrages, et c'est dans cet état que M. Huot les fait distribuer au bétail deux fois par jour, et dans les mêmes proportions qu'il administrait antérieurement la betterave.

« Le bétail mange ce mélange avec une très-grande avidité, et M. Huot nous a déclaré que, depuis qu'il a commencé cette opération, c'est-à-dire depuis cinq semaines, la production du lait a doublé dans ses étables.

« Pour l'appréciation de ces résultats, nous devons ajouter que les betteraves qui ont été employées sont de l'espèce fourragère ou disette et dans le plus mauvais état de conservation possible, par suite de retards dans les transports et des attaques de la gelée. Elles seraient complétement impropres à faire du sucre.

« M. Huot s'est empressé de nous fournir tous les renseignements et tous les détails que nous lui avons demandés. Il est impossible de témoigner plus de bonne grâce et de franchise. Tous les cultivateurs qui voudraient vérifier par eux-mêmes ce que nous avons vu sont certains de recevoir chez M. Huot l'accueil le plus cordial et le plus empressé.

« A. POMMIER. »

(*Echo agricole* du 9 février 1854.)

Nous continuons en entier cette citation intéressante du travail de M. Pommier sur le procédé de MM. Champonois et Bavelier. M. Pommier est assez connu en agriculture pour que personne n'ait à suspecter sa bonne foi et ses lumières :

« En rendant compte, dans notre dernier numéro, du résultat de la visite que nous avions faite à la ferme où M. Huot, de Troyes, a établi une petite distilleries de betteraves, nous avons cité les paroles de M. Champonois, l'un des auteurs du procédé :

« L'alcool, nous disait-il, est ici le produit secon-
« daire ; le but principal, essentiel, c'est la nourri-
« ture et l'engraissement du bétail et la fabrication
« des engrais à bon marché. »

« Ces paroles nous ont frappé ; nous y avons vu l'expression d'un système tout nouveau et des plus recommandables, au point de vue de la production agricole et de l'interêt général.

« Si, en effet, il ne s'était agi que d'augmenter la fabrication de l'alcool au moyen de la betterave, tout remarquable que puisse être ce fait industriel, nous nous en serions probablement très-peu préoccupé ; il eût pu suivre sa fortune sans que nous lui eussions porté un bien vif interêt.

« Mais ici le fait est essentiellement agricole , et.

sans rien perdre de son mérite industriel, il nous paraît avoir une bien autre portée.

« En effet, pour peu qu'on ait étudié la pratique de l'agriculture, on sait que la grande difficulté est de produire des engrais à bon marché. Pour remplir cette condition, il faut avoir du bétail ; pour entretenir le bétail, il faut des fourrages, et, pour obtenir des fourrages, il faut des terres suffisamment engraissées. Le cultivateur tourne donc dans un cercle vicieux quand il ne peut nourrir assez de bétail ni le nourrir à bon compte.

« Mais, quand cette condition peut être remplie, tout devient possible ; et c'est comme moyen de l'obtenir facilement que le procédé de traitement de la betterave, proposé et exécuté par M. Champonois chez M. Huot, de Troyes, nous paraît mériter de fixer l'attention non-seulement des cultivateurs, mais encore de nos hommes d'Etat et de tous ceux qui s'intéressent à la prospérité du pays.

« On ne sent jamais mieux que dans les moments de cherté l'avantage d'avoir le pain et la viande à bon marché. Le procédé de M. Champonois est un des moyens qui peuvent permettre à notre agriculture d'atteindre naturellement et promptement ce double résultat.

« La betterave est une plante améliorante ; elle occupe peu de temps le sol, elle exige des binages et des sarclages qui mettent la terre en excellente condition pour recevoir du froment et des prairies artificielles ; mais, pour qu'elle n'appauvrisse pas le sol, il faut absolument qu'elle soit consommée dans la ferme. Il s'en fait déjà en France de grandes quantités pour la nourriture du bétail ; — nous ne parlons pas de celles qui sont employées à la fabrication du sucre ; depuis que cette fabrication s'est introduite dans le Nord, le nombre d'animaux nourris dans cette contrée a augmenté dans une proportion considérable ; dans l'arrondissement de Valenciennes, le nombre en a décuplé ; — nous ne faisons allusion qu'aux cultures faites spécialement pour la nourriture du bétail de la ferme. Mais, quelle que soit l'excellence reconnue de la betterave comme plante appliquée à cet usage, sa culture ne s'est pas étendue autant qu'on aurait pu le désirer. La raison est facile à expliquer. La culture de la betterave exige de la main-d'œuvre : il faut sarcler et biner à plusieurs reprises ; après la récolte, il faut l'emmagasiner à l'abri des gelées ; il faut ensuite, pour l'employer, la faire passer au coupe-racine, lui faire subir un certain degré de cuisson, soit par le feu, soit par la fermentation : tout cela entraine des soins et des frais qui expliquent parfaitement pourquoi la culture de la betterave uniquement destinée au bétail ne s'est pas généralisée.

« On estime que la betterave champêtre est au foin comme 1 est à 5, c'est-à-dire qu'il faut 5 kilogrammes de betteraves pour représenter 1 kilogramme de foin. En partant de cette base, M. de Gasparin démontre qu'en supposant une récolte de 40,000 kilogrammes de betteraves par hectare, cette plante fournirait encore un fourrage beaucoup plus cher que le foin, et que le cultivateur n'a d'intérêt à cette culture que lorsqu'il vend la racine à une industrie, en se réservant la pulpe.

« L'avis du célèbre agronome confirme ce que nous disions plus haut des motifs qui s'opposent à l'extension de la culture de la betterave, toutes les fois qu'elle ne s'adjoint pas à une industrie ou qu'elle n'a pas dans son voisinage immédiat une industrie qui l'emploie et rend la pulpe au cultivateur, condition indispensable, car tout agriculteur qui cultive la betterave sans en faire consommer les résidus appauvrit sa terre et fait une très-fausse opération.

« Mais il n'y a pas partout des fabriques de sucre ; dans bien des contrées, la quantité de matières salines que contient la betterave s'oppose à ce qu'on puisse en obtenir en quantité suffisante du sucre cristallisable. Cette composition de la betterave n'est point un obstacle à la fabrication de l'alcool. Dans toutes les localités, le procédé de M. Champonois pourra s'appliquer avec facilité, de manière à couvrir tous les frais de culture et autres qu'entraîne la betterave et à faire de cette racine le fourrage le meilleur marché de tous.

« Ainsi, d'après les proportions que nous avons indiquées plus haut, 5 kilogrammes de betteraves pour 1 kilogramme de foin, on peut établir les chiffres suivants : quand 1,000 kilogrammes de foin valent à la ferme 60 fr., prix moyen à peu près général, 1,000 kilogrammes de betteraves ne doivent pas dépasser 12 fr., c'est le plus bas auquel on puisse les établir. Mais, avant d'arriver au bétail, la betterave est augmentée de frais de découpage et de mélange.

« La fabrication de l'alcool prend tous ces frais à sa charge. Ainsi :

« Deux mille kilogrammes de betterave coûtant................................. 24 fr.
donnent 1 hectolitre d'alcool, dont la fabrication coûte, en combustible et autres frais   10

« Total............ 34 fr.

« Si donc l'hectolitre d'alcool, qui vaut aujourd'hui 200 fr., se vendait seulement 34 fr., la betterave ne coûterait rien au cultivateur ; tout ce qui dépasserait 35 fr. dans le prix de l'alcool serait un bénéfice par delà celui que doit procurer le bétail nourri avec un aliment qui ne coûte rien.

« Chacun, aujourd'hui, en adoptant le procédé offert par M. Champonois pour traiter la betterave, peut faire son compte en prenant pour le prix de l'alcool une échelle dont les degrés seront compris entre 34 fr. l'hectolitre, prix qui ne s'est jamais vu, et 200 fr., prix actuel.

« Il sera donc désormais facile au cultivateur d'obtenir de la betterave un aliment qui ne coûtera rien, et par conséquent de produire de la viande à très-bon marché.

« Il lui sera facile d'augmenter ses engrais, d'étendre ses prairies artificielles, de placer ses froments dans de meilleures conditions.

« Du même coup se trouvent supprimées les distilleries de grains et de pommes de terre, qui ne laissent pas que de peser sur le prix des denrées alimentaires dans les années de cherté.

« Tout propriétaire intelligent, dans les pays où le fermage n'existe pas, voudra que son métayer cultive et distille la betterave. C'est un moyen d'augmenter le cheptel avec certitude de le voir placé dans de bonnes conditions ; c'est un moyen d'augmenter dans une immense proportion la richesse de nos provinces centrales et de fournir au pays plus de viande et plus de pain.

« Mais si ces procédés se généralisaient, que ferait-on de l'alcool ? Nous ne le savons pas encore ; mais nous sommes certain que l'industrie saura bien lui trouver sa place.   « A. POMMIER. »

(*Echo agricole* du 12 février 1854)

Nous l'avons déjà dit : c'est au procédé et à la manière de voir de M. Champonois que nous donnons hautement la préférence. Nous allons en donner les raisons avec les quelques restrictions que nous y apportons.

Nous n'avons qu'un seul reproche à faire au procédé de M. Champonois, et, pour donner une preuve de notre impartialité, nous commençons par le blâme avant de donner à sa méthode les éloges qu'elle mérite. *L'alcool produit par M. Champonois est extrêmement infect ;* au moins en jugeons-nous par un échantillon que nous avons vu chez l'honorable M. Clerget et par un autre échantillon qui nous a été remis. Cette infection est telle qu'il ne nous serait guère possible d'en soutenir longtemps l'odeur, quoique nous soyons habitué à supporter les âcres senteurs de la plupart des agents chimiques.

A quoi donc peut tenir un tel développement de cette odeur désagréable ? Cette question ne peut recevoir ici qu'une réponse fort incomplète ; nous nous proposons de la faire entièrement dans notre chapitre suivant, en exposant les détails d'une méthode rationnelle, telle que nous la comprenons. Il nous suffira de dire, quant à présent, que c'est à *l'action des vinasses chaudes* sur des betteraves découpées au coupe-racine que l'on doit attribuer cette odeur.

Les vinasses extraites de l'appareil contiennent une quantité notable de sels de potasse en dissolution ; en prolongeant l'action de ce liquide chaud sur des racines nouvelles, on opère une substitution puissante, il est vrai, mais cette substitution se fait tout aussi bien sur les matières dont il faudrait éviter la présence que sur les autres. Les huiles essentielles odorantes de la betterave se dissolvent en aussi grande quantité de cette façon que lorsque l'on réduit la betterave en pulpe par la coction prolongée ; il n'y a nulle différence pour la valeur alcoolique du résultat.

C'est là qu'on doit chercher la cause de cette infection, laquelle, du reste, ne présente pas beaucoup d'inconvénients, si on ne veut créer que des alcools industriels. Le cas est plus grave s'il s'agit de livrer à la consommation le produit obtenu, en le transformant en *eau-de-vie*. D'ailleurs, on peut dire que personne *jusqu'ici* n'a produit des alcools de betterave assez purs pour en faire des eaùx-de-vie de consommation, des eaux-de-vie de table : M. Dubrunfaut lui-même, malgré des allégations qui ne prouvent rien, n'a pas été plus heureux, et le système de *fractionnement des produits*, par lequel ce chimiste prétend obtenir des alcools *bon goût*, est presque aussi illusoire que tous les autres. Nous comprenons facilement qu'en mettant de part *comme infects* le premier et le dernier *quart* du produit, les deux *quarts* intermédiaires soient beaucoup *moins infects*, qu'on puisse les mélanger aux *Montpellier*, pour les *couper en eaux-de-vie ;* mais cependant, pour être vrai, on est obligé de convenir que la partie dite *désinfectée* ou plutôt *non infecte* est encore empreinte d'une huile essentielle fort désagréable. Il suffit, pour s'en convaincre, de *couper* ces alcools avec leur poids d'eau et de les goûter sans y avoir additionné de Montpellier ; on ne pourra supporter leur *saveur* âcre et mordicante. Si on frotte dans les mains quelques gouttes de ce prétendu alcool purifié, l'*odeur* se développera intense et repoussante.

D'ailleurs, l'idée, toute malencontreuse qu'elle puisse être, est loin d'être une *nouveauté* brevetable ; et, malgré tous les brevets du monde, le fractionnement des produits en distillation appartient depuis plus de cinquante ans au domaine public.

Ceci dit en passant et par anticipation sur les idées que l'on doit avoir de la pureté des alcools, revenons à M. Champonois.

Les avantages du procédé de M. Champonois sont les suivants :

1° Il laisse aux résidus *traités par les vinasses chaudes* toute leur valeur nutritive, et ce point est important dans la ferme ;

2° La valeur de l'alcool donne pour le bétail une excellente nourriture revenant presque à rien ;

3° Il permet l'alcoolisation de la plupart des *plantes-racines*.

Son inconvénient est de donner un alcool extrêmement infect et qui ne peut servir aux usages économiques sans désinfection préalable.

Au demeurant, M. Champonois a rendu à l'industrie et à l'agriculture un service aussi important que M. Clerget par ses travaux de saccharimétrie.

M. Champonois fait parfaitement nettoyer le fond des cuves qui ont servi à la fermentation ; et, d'après ce que nous avons dit de la levûre usée, cette mesure est indispensable. Il n'emploie de levûre que pour ce que nous appellerons la *mise en train,* et, d'après lui, ce n'est pas une petite quantité de ferment qu'il faut employer pour une grande masse de liquide, mais une petite masse de liquide non fermenté qu'il convient de faire arriver constamment dans une grande quantité de liquide en pleine fermentation. On peut dire que, dans son système, la fermentation est vraiment *continue*.

Nous croyons devoir ajouter quelques mots sur M. Kessler et son procédé, qui a été préconisé par quelques personnes et le mérite à divers égards ; nous citons textuellement l'article du journal le *Cosmos :*

« Le procédé proposé par M. Kessler, et qu'il a employé avant la publication de celui de M. Champonois, consiste à réduire la betterave au coupe-racine en tranches minces d'un demi-millimètre, et à les cuire dans un vase soit à feu nu, soit à la vapeur, à l'aide d'un double fond percé de trous : rien n'empêche d'employer comme générateur la première chaudière d'un appareil distillatoire continu disposé à cet effet après le départ complet de l'alcool. Afin de rendre cette cuisson plus facile, on ajoute dans l'appareil une certaine quantité de jus bouillant sorti d'un précédent traitement ; on ouvre une porte et le mélange est conduit par des canaux dans des appareils de déplacement, sortes de cuves en bois larges du haut, étroites du bas, à doubles fonds percés de trous et basculant sur un axe horizontal. Les jus s'écoulent en filtrant par le double fond et se répandent sur une plate-forme où ils se refroidissent. On entretient leur écoulement en arrosant les tranches, d'abord avec des jus faibles, ensuite avec de l'eau. Lorsque les liqueurs sorties de l'appareil ne marquent plus que 3 degrés de l'aréomètre de Baumé, on les met à part pour commencer un nouveau déplacement. Les premiers jus sont pompés dans les cuves et mis en fermentation ; ils marquent ordinairement 5° à 5° 1/2 et tombent à 0° au moment où ils doivent être distillés ; il faut 6 à 8 litres de levûre pour 25 hectolitres de jus.

« On reconnaît que les pulpes sont épuisées quand les liquides marquent 0° à l'aréomètre. On les laisse alors égoutter, puis on renverse les appareils, qui se trouvent aussitôt prêts à recevoir un nouveau chargement.

« Ces pulpes, mêlées aux vinasses bouillantes, constituent une nourriture excellente, nullement acide au goût et renfermant sensiblement tous les éléments de la betterave, moins le sucre, mais plus la levûre. Si cette dernière était rare, on la remplacerait aux quatre cinquièmes par une addition de farine de malt et de grains, à laquelle on ferait subir la saccharification, comme à l'ordinaire, opération que l'on peut même exécuter avec les premiers jus écoulés aussitôt qu'ils sont refroidis à 75 ou 70° centigrades. La distillation s'effectue à volonté, soit dans un alambic ordinaire, soit dans un appareil de Derosne. »

(*Cosmos*, 13e livraison, 3e année.)

Nous n'avons d'objections à soulever contre le procédé de M. Kessler que celles-ci :

1° Il n'y a pas d'avantages à soumettre les betteraves à la coction lorsqu'on veut distiller les jus ; ce mode ne peut être utile que pour la distillation directe ;

2º M. Kessler a en outre le même inconvénient que M. Champonois, en ce sens qu'il lui est impossible de ne pas obtenir des produits de *mauvais goût*. L'observation que nous avons à faire au sujet de la formation d'un *savonule de potasse* qui se décomposerait ensuite dans la fermentation pèse tout entière sur le procédé de M. Kessler comme sur celui de M. Champonois.

En résumé, la méthode de ce dernier nous paraît encore préférable.

Un système revendiqué à la fois par MM. Leplay et Dubrunfaut, bien que très-populaire depuis longtemps, consiste à diviser les betteraves au coupe-racine, puis à leur faire éprouver directement la fermentation et la distillation.

L'appareil de M. Leplay est destiné à fonctionner par la vapeur, et c'est le meilleur mode d'action à employer ; mais il est impossible de le mettre en usage dans la petite exploitation agricole. On le remplacerait avec avantage, dans ce cas, par une chaudière de forme plus simple et surtout plus économique, munie de faux fonds convenablement disposés. La vapeur produite par l'ébullition du liquide qui couvre le fond traverse la masse des tranches de betteraves fermentées, disposées au-dessus du faux fond, et entraîne avec elle les vapeurs alcooliques. La chaudière Pluchart justifie, sous ce rapport, ce qu'on est en droit d'exiger d'un appareil.

Disons tout de suite que l'idée de la fermentation et de la distillation directes a déjà été l'objet d'un procès, quoiqu'elle appartienne évidemment au domaine public. Nous n'avons pas fort heureusement à nous préoccuper des histoires scandaleuses qui viennent se révéler dans les débats de cette nature; et notre rôle est moins pénible.

La fermentation directe est, de temps immémorial, dans la pratique allemande, belge, lorraine, bourguignonne, etc., pour toutes les matières fermentescibles ; il en est de même de la distillation directe, et c'est une véritable niaiserie de breveter cette idée, si ce n'est un défi au bon sens public et à la loi..... au bon sens public, que l'on espère peut-être égarer ; à la loi, que l'on cherche à éluder, quoiqu'elle exige la nouveauté, l'invention, dans les objets susceptibles de brevet.

Laissons tout cela de côté et voyons comment on peut utiliser, sans crainte des hommes à brevets, une méthode vraiment bonne en ferme, dont les éléments sont la propriété de tous.

On divise les betteraves au coupe-racine, puis, pour les rendre plus perméables à l'action du ferment, on leur fait subir la cuisson dans une chaudière ordinaire munie d'un faux fond. Il ne faut pas pousser cette opération plus loin que le ramollissement des tranches, afin d'éviter la *pâtification* de la matière.

On porte ensuite le tout dans une cuve à fermenter avec la quantité d'eau suffisante pour couvrir les racines, et l'on couvre le tout. Il va de soi que le liquide de la cave a dû être traité par la quantité de levûre nécessaire.

On distille ensuite dans un appareil convenable, lorsque la fermentation est terminée.

Cette méthode donne de très-bons produits et la pulpe jouit des meilleures qualités pour la nutrition du bétail. Nous bornerons ici ce que nous avions à dire sur la plupart des systèmes suivis pour le traitement des betteraves en alcoolisation, en faisant observer qu'ils peuvent s'appliquer aux principales racines alcoolisables, et notamment à la carotte, qui n'a pas besoin de saccharification préalable ni de traitement acide.

8.

V

Méthode générale d'alcoolisation. — Alcoométrie.

Après avoir exposé impartialement les méthodes
d'autrui, nous croyons pouvoir indiquer notre manière de voir, sans scrupule comme sans prétention,
dans le seul but d'être utile à ceux de nos lecteurs
qui voudront expérimenter sérieusement. Notre but,
en écrivant cet ouvrage, a été d'être l'écho fidèle
d'une pensée que nous formulons ainsi :

Progrès de l'agriculture industrielle.

Nous attendons avec confiance le jugement public,
car nous avons accompli notre tâche avec *le cœur :*
la cause de l'homme des champs est notre cause.

On ne doit jamais perdre de vue que le *fermier-
distillateur* a pour résultat final, essentiel, la nourriture et l'engraissement du bétail : ce résultat em-
prunte à la production de l'alcool une condition
puissante de bon marché et d'économie, et ce prin-

cipe nous conduit à tracer, en tête de ce chapitre, la règle générale que voici :

Il faut constamment tendre à laisser aux résidus toutes leurs propriétés nutritives, tout en obtenant l'alcool dans les meilleures conditions possibles.

Cette règle posée, nous décrivons les opérations à faire pour y parvenir.

Pulpation. — Macération.

L'action du *coupe-racine*, dans le procédé de M. Champonois, n'est pas plus économique que celle de la râpe qui réduirait en pulpe les racines soumises à l'alcoolisation, et cette réduction en pulpe présente un certain nombre d'avantages qu'il est facile d'apprécier.

La macération de la betterave coupée par tranches exige un certain temps, douze heures au moins, et l'action de *l'eau bouillante* ou des *vinasses chaudes*. Sans cette double condition, la *substitution* du liquide macérateur à la solution sucrée qui remplit les cellules de la racine ne s'opère pas complétement. Si minces que l'on suppose ces tranches, elles n'ont guère moins d'un millimètre d'épaisseur, et l'action du liquide *chaud* est encore souvent insuffisante pour mettre en liberté toute la matière alcoolisable, car cette action ne se produit que par *imbibition*, par *pénétration*. D'un autre côté, si l'on réfléchit que l'influence prolongée pendant plusieurs heures d'un liquide macérateur *chaud* développe d'une manière extraordinaire l'odeur des huiles essentielles de la plante qui s'y dissolvent aisément à l'état de *savons de potasse*, on comprendra que là gît la cause de l'infection des alcools de betteraves.

Ces *savons*, dont on ne peut contester la formation, pour peu que l'on ait étudié la question, se forment dès l'abord avec une extrème facilité dans le liquide de la macération. Au fur et à mesure que l'alcool se produit dans la fermentation, en même temps qu'une certaine proportion d'*acide acétique*, cet acide, avec l'*acide malique*, qui se trouve naturellement dans la betterave, détermine la décomposition de ces mêmes savons, dont la *partie grasse, l'huile essentielle,* se dissout dans l'alcool naissant et s'y combine.

Qu'y a-t-il d'étonnant qu'elle passe abondamment à la distillation ?

Si, au contraire, on a réduit la betterave en *pulpe* par la *râpe* ou les *cylindres,* ou même la *meule,* cette pulpe, par la *pression* d'abord, puis par un simple *lavage à l'eau froide,* cédera toutes ses parties sucrées, lesquelles pourront être soumises aussitôt à la fermentation, sans que l'on ait besoin d'attendre dix à douze heures et même plus.

Il résulte de ceci une première économie que nous constatons en passant, celle du temps.

Les *savonules à base de potasse* ne se formeront pas par l'action de l'eau froide, qui ne contient pas, comme les vinasses, de *potasse carbonatée,* et les alcools produits ne présenteront que fort peu d'odeur désagréable, comparativement.

Cet avantage est palpable.

Mais, en outre, rien n'empêchera, après avoir enlevé à la pulpe sa matière alcoolisable par la pression et le lavage, de lui rendre ses principes salins en l'arrosant de vinasse froide, dans laquelle on la laissera macérer quelques heures. Cette vinasse enlèvera le peu de matière sucrée qui pourrait rester dans la pulpe, en lui restituant les *sels* qu'elle pourrait avoir perdus. C'est ainsi que l'excellente idée de M. Champonois trouverait son application utile, et que l'on conserverait au résidu tout ce qu'il est possible de garder de ses propriétés nutritives.

De ce que nous venons d'exposer succinctement, on tirera cette conclusion que nous préférons la pulpation par la râpe à l'action du *coupe-racine;* et nous ajouterons à ce qui précède que la *pulpe*, étant très-divisée, n'a pas besoin de macération, mais d'une simple pression et d'un lavage pour abandonner la plus grande partie de la matière sucrée : le reste sera obtenu par la macération à l'aide de la vinasse *froide*.

Nous rejetons donc de la manière la plus absolue toute idée de macération à chaud, par la seule raison qu'on peut y suppléer sans augmentation de frais, en obtenant des produits meilleurs et en conservant aux résidus la même valeur. Cependant le procédé qui consiste à faire cuire à demi les tranches de racines, puis à les soumettre à la fermentation et à la distillation directes, nous paraît être celui de tous que l'on doit préférer dans l'exploitation agricole, à raison de sa simplicité et de la grande valeur des pulpes.

Acidulation. — Fermentation.

Doit-on aciduler le moût de betteraves? D'après ce qui a été dit précédemment, cette question se résout par l'affirmative. Mais s'il convient d'ajouter au moût une certaine quantité d'acide, il faut bien se garder d'*aciduler la pulpe* sur la râpe même, comme on l'a conseillé : on rendrait ainsi les résidus désagréables et nuisibles au bétail. L'addition d'acide sulfurique au moût a un double but : celui de transformer en sucre fermentescible tout ce qui en est susceptible et de favoriser la fermentation. Or, d'après de nombreuses observations, et *selon M. Dubrunfaut lui-même,* il est une quantité que l'on ne doit pas dépasser, si l'on ne veut arrêter, empêcher cette fermentation au lieu de la favoriser. Deux ou trois parties d'acide pour cent de matière sucrée sont une quantité trop considérable, et l'on doit se borner à un demi-centième ou à un centième tout au plus. On obtiendra ainsi des effets sûrs et on ne donnera rien au hasard. Nous ne comprenons l'emploi d'une plus forte quantité d'acide sulfurique (2 à 3 p. 100) que dans le cas où l'on voudrait transformer en *glucose*, par l'ébullition, tous les principes contenus dans le *moût* ou jus sucré. Dans ce cas, il faudrait, après la *conversion,* qui exige une heure et demie d'ébullition, neutraliser une partie de l'acide employé à l'aide de la craie, mais en conservant une légère réaction acide, qui ne doit donner au papier de tournesol qu'une teinte vineuse. Nous n'indiquons, du reste, ce mode de procéder que par hypothèse, car nous sommes loin d'en conseiller l'emploi : la transformation en glucose se fait également bien sous l'action d'une acidulation légère, pendant la fermentation, à une température de 20 à 25° centigrades.

Il est bon de remarquer ici un fait bien intéressant : c'est que, dans la vie végétale, les acides naturels opèrent la modification des *corps hydrocarbonés*, le changement en *glucose* des *sucres*, des *fécules*, des *gommes*, de la *cellulose*, et du principe mucilagineux que nous avons appelé *pectosine*, à la température du milieu où les plantes croissent. Ces acides transformateurs sont, d'ailleurs, en assez faible proportion, si on les compare à la quantité des principes sur lesquels ils agissent. Nous aurons beau nous débattre, nous ne pouvons mieux faire que la nature, et les plus habiles sont ceux qui l'imitent le mieux. Il faut bien convenir que l'acte le plus fréquent de la vie des plantes, de l'organisation végétale, est la *fabrication en grand* des matières sucrées de diverses natures.

A côté de ce produit de la vie vient se placer une sorte de fermentation intérieure qui donne lieu à un dégagement immense d'acide carbonique.

Que faisons-nous de plus tout en le faisant moins bien à beaucoup près ?

Disons pour nous résumer qu'il convient d'aciduler le *moût* quand on le met dans la cuve à fermentation, mais que la proportion d'acide ne doit pas dépasser le centième en poids de la matière sucrée contenue dans le liquide.

Cette quantité est d'environ 500 à 800 grammes d'acide sulfurique pour le moût de 1,000 kilogrammes de betteraves.

Le moût préparé doit subir la fermentation, qui peut seule dédoubler la *glucose* en alcool et acide carbonique, ainsi que nous l'avons vu. Mais faut-il laisser le liquide à lui-même, à la température de 15 à 25°? ou bien doit-on y ajouter un *ferment* ou *levain,* une certaine quantité de levûre de bière, par exemple? En un mot, peut-on se passer de cette levûre?

La réponse à cette question a été faite il y a bien longtemps déjà, et on la trouve tout entière dans les considérations suivantes.

Outre les *principes immédiats* dont nous avons parlé dans le chapitre II de cet ouvrage, les plantes contiennent encore des *sels* de natures diverses et des matières dont les propriétés se rapprochent assez de l'*albumine* ou blanc d'œuf; ces matières, nommées *substances albuminoïdes*, sont fortement azotées et sont de véritables ferments. Le *gluten* des céréales semble être à la tête de ces substances, *que l'on rencontre partout dans la vie végétale.* Ces matières se coagulent, en général, par la chaleur; mais, à l'état ordinaire, elles sont solubles dans l'eau.

Si donc nous admettons un jus sucré préparé à une chaleur inférieure à 40 ou 45°, les substances *albuminoïdes* qui y sont contenues en dissolution agiront en véritables ferments et détermineront la fermentation vineuse à la température moyenne de 15 à 25°. C'est là la cause de la décomposition des substances végétales et surtout des fruits.

Qu'on entre dans un *fruitier* dix à douze jours après la récolte des fruits mûrs, on sera frappé de l'odeur fortement vineuse qui s'en dégage, et on ne tardera pas à sentir l'influence de l'acide carbonique sur le cerveau. Véritable fermentation alcoolique naturelle qui n'a pas emprunté pour excitant la levure de bière !

Quelque temps après les fruits s'*aigrissent*, puis ils tombent en *pourriture :* la fermentation a accompli ses phases.

Voici, en effet, ce qui se passe dans la *pomme* ou la *poire :* l'*acide malique* agit sur la *fécule* et le *sucre cristallisable* de ces fruits pour les transformer en *glucose* analogue au *sucre de fruits* préexistant ; bientôt les matières *azotées* déterminent la fermentation de ces produits sucrés en présence de l'eau de végétation, et tout se passe comme dans une cuve à fermenter, et cela sans levûre de bière.

La saine théorie, basée sur les faits, répond donc positivement que la levûre de bière, que le ferment artificiel n'est pas indispensable à la fermentation : c'est une chose *constatée depuis longtemps*.

Cependant, *en pratique*, afin d'éviter les pertes de temps et de hâter le résultat, il convient de déterminer la fermentation vineuse par le mélange au liquide sucré de 1 1/2 à 2 p. 100 de levûre de bière. Nous ferons remarquer encore une fois que la levûre se reproduit indéfiniment et en grande quantité ; celle qui tombe au fond de la cuve est usée, mais celle qui forme le *chapeau,* le dessus du liquide, doit être recueillie pour servir aux fermentations suivantes : il suffit de s'en procurer une première fois.

Il importe de couvrir les cuves à fermentation pour éviter les pertes d'évaporation et d'acétification : on doit, d'ailleurs, distiller la liqueur aussitôt que l'acide carbonique ne se dégage plus, ou , comme on dit vulgairement, que la cuve a cessé de bouillir. Un moyen pratique de s'en assurer consiste à approcher du liquide un peu de papier allumé, la flamme s'éteindra ou s'affaiblira beaucoup si la fermentation est encore active.

Un autre moyen plus précis est celui-ci : on enfonce dans le liquide un *pèse-sirop ;* le moût, qui donnait 7º ou 8º avant la fermentation, tombe à 1º ou même 0º quand elle est finie. En général, la fermentation, dans un local tenu à la température de 20º centigrades, est terminée en cinquante à soixante heures, et il vaut mieux ne pas s'exposer à en dépasser le terme précis, pour éviter la perte résultant de la formation du vinaigre.

Distillation.

Lorsque le moût est suffisamment fermenté, il ne reste plus qu'à séparer l'alcool par la *distillation :*

quel que soit l'appareil employé, il convient de se rappeler certaines règles d'une utilité pratique incontestable pour réussir dans cette opération.

1º La première précaution est de bien *luter* les jointures de l'appareil, après avoir introduit le liquide, afin d'éviter toute déperdition des vapeurs spiritueuses. Les pièces *vissées* perdent elles-mêmes de la vapeur, et un distillateur soigneux doit tout *luter*, afin de n'avoir rien à craindre sous ce rapport. A plus forte raison, si l'on se sert des appareils ordinaires, dont les pièces ne sont qu'à *frottement*, devra-t-on enduire les joints d'une composition destinée à empêcher la fuite des vapeurs.

On connaît un grand nombre de ces compositions ou *luts ;* le plus économique, le meilleur peut-être est celui-ci, que nous avons expérimenté des centaines de fois, et qui est fort employé dans l'Orléanais. On mélange *parties égales de farine de seigle et de cendres de bois tamisées,* on fait du tout une pâte très-molle avec de l'eau, et l'on applique sur les points de jonction de l'appareil. Ce *lut* se dessèche rapidement, ne se fendille jamais et ne permet aucune fuite. On peut, si l'on veut, le recouvrir d'une bande de toile large de deux doigts avant qu'il soit sec, ou bien délayer cette pâte dans un peu plus d'eau et en imbiber la bande dont on se sert pour fermer les jointures, qui sont alors dans une occlusion hermétique.

2º Il faut chauffer peu à peu, de manière à amener le liquide à 100º environ par un développement graduel du calorique : de cette façon, on est moins exposé à donner au produit un goût fort désagréable d'*empyreume* ou de *feu*.

Remarquons en passant que, si on ne portait la chaleur qu'à 80°, tout l'alcool passerait à la distillation, et sa qualité serait bien améliorée par l'absence des huiles essentielles ; mais l'opération serait beaucoup plus longue et la dépense de combustible plus considérable.

3° Quand le liquide est au *bouillon*, il faut le maintenir à cette température jusqu'à ce qu'on ait obtenu tout l'alcool qui y est contenu. En général, on peut arrêter l'opération quand le produit ne marque plus que 10° à l'alcoomètre de Gay-Lussac. Ce degré correspond à 4° 4/10es Cartier ; mais il convient de ne jamais jeter les vinasses quand on s'arrête à ce degré. En effet, déduction faite du changement de densité causé par la présence de l'huile essentielle, on peut conclure que le liquide qui donne un produit marquant 10° centésimaux, contient encore environ un centième d'alcool. Ce serait une perte considérable de *jeter* ce liquide ; mais cette perte n'existe plus quand on emploie la vinasse à la macération ou au lavage des pulpes.

4° Il est nécessaire de tenir le *serpentin* convenablement *refroidi*, par l'arrivée *continue* d'un courant d'eau froide à la partie inférieure et l'écoulement *constant* de l'eau chaude à la partie supérieure du vase. Cette recommandation n'a plus d'importance quand on emploie un appareil *à distillation continue*, comme l'appareil Laugier, par exemple ; dans ce cas, la liqueur à distiller sert à refroidir la vapeur obtenue, qui, en perdant du calorique, le cède au moût, l'échauffe d'autant et en facilite la distillation.

5o Il convient, autant que possible, *de fractionner les produits*. La raison de ce fractionnement est qu'au commencement et à la fin de l'opération, le liquide qui passe à la distillation est plus chargé d'huiles volatiles. On met de côté le premier et le dernier quart des produits et on garde la moitié intermédiaire, qui est préférable et d'un meilleur goût. Nous avouons bien franchement que nous n'aurions pas recours à ce moyen, qui donne de l'alcool *moins infect*, mais non de l'alcool *bon goût*, quoi qu'on en dise. Une distillation bien ménagée donne un produit moins odorant, qu'une rectification au bain-marie rend aussi bon qu'il est possible de l'obtenir de l'alcool de betterave, *sans employer de procédés chimiques de désinfection*, surtout lorsqu'on n'a pas fait la macération à l'aide des vinasses bouillantes.

6o Il faut ensuite *rectifier* les produits, c'est-à-dire les *redistiller* pour les amener au degré commercial de 81° à 84°. Cette rectification doit être faite lentement ; il passe moins d'eau avec l'alcool qui s'écoule plus concentré. La rectification n'est pas nécessaire avec certains appareils modernes ; ils donnent de prime abord l'alcool au degré commercial et sont indispensables à toute *distillerie* proprement dite ; mais nous ne les conseillons pas au fermier, dont l'économie doit être la première règle. Le prix élevé de ces appareils les rend inabordables pour la distillation agricole.

Vinasses.

Les *vinasses* qui ont subi la distillation serviront, d'après ce que nous avons dit précédemment, à opérer le troisième lavage de la pulpe. Ce lavage s'opère par une macération de cinq à six heures, et il a pour résultat d'enlever le reste de la matière sucrée en imprégnant la pulpe des sels de potasse et autres que contient la vinasse.

C'est là un point important dans la méthode Champonois, auquel nous ne reprochons que d'être en partie cause du mauvais goût des alcools.

Nous donnons maintenant un résumé, une récapitulation des opérations successives à accomplir pour mettre en pratique les règles d'une bonne distillation.

Résumé pratique d'alcoolisation par pulpation.

1° Lavage et nettoyage des racines;

2° *Pulpation* ou réduction en *pulpe* par la *râpe*, les *cylindres* ou la *meule*;

3° *Pression* de la pulpe pour en obtenir autant de *jus* que possible. Un pressoir ordinaire suffit pour cette opération. Le jus obtenu est porté aussitôt dans une cuve à fermentation n° 1;

4° Addition au moût de la cuve n° 1, de un demi-

centième d'acide sulfurique et de 2 à 3 p. 100 de levûre de bière : on met environ 1 litre de levûre pour
3 hectolitres de jus, et on couvre la cuve ;

5° Lavage de la pulpe pressée à l'aide de l'eau
froide ; moitié moins que le jus n° 1 ; on presse de
nouveau et on place le liquide obtenu dans des tonneaux ou dans une cuve n° 2. Ce jus ne devra être
mis en fermentation que lorsqu'il marquera une
densité de 6 à 8° au pèse-sirop, après avoir servi à
deux ou trois lavages ;

6° Transport de la pulpe dans la *cuve conique* à
macération. Cette cuve a un double fond percé de
trous ; mais elle est plus conique que les cuves à macération de Kessler; et elle porte, vis-à-vis l'espace
séparant les deux fonds, un robinet fermé ou une
cannelle;

On verse sur la pulpe la vinasse qui provient d'une
distillation précédente et on laisse macérer pendant
six heures. Cette vinasse doit être *froide* ou tout au
plus tiède : après la macération, on ouvre le robinet
et on reçoit le liquide débarrassé de ses *sels* dans
un tonneau, pour le réunir à l'eau de lavage n° 2 ;

7° Traitement de la pulpe que l'on dispose par
couches avec de la paille hachée et du foin alternativement ; on saupoudre les couches de pulpe de
quelques poignées de *sel marin,* et on la donne au
bétail au fur et à mesure du besoin ;

8° Distillation du liquide fermenté. — Rectification, *s'il y a lieu,* du produit précédent, en obser-
vant les règles que nous avons indiquées.

Il convient de pouvoir distiller au fur et à mesure

de la fermentation ; si cela était impossible pour quelque raison, on devrait mettre le liquide fermenté dans des tonneaux *légèrement soufrés* par la combustion d'une *mèche*, on les fermerait ensuite à l'aide de la *bonde*, et on les placerait dans un cellier à température constante, inférieure à 15°, pour distiller ensuite à son loisir.

Instrumentation.

Dans le système que nous venons d'exposer, l'instrumentation se compose des objets suivants :

1° Une râpe de *féculier*, ou une paire de *cylindres cannelés*, ou une *meule verticale;* le mouvement est donné par *l'eau*, par un *petit manége* ou par la *vapeur;*

2° Un *pressoir ordinaire,* ou un pressoir à *marteau* ou à *choc ;* celui-ci est préférable ;

3° Trois cuves à fermentation ;

4° Une cuve d'attente pour le liquide n° 2 ;

5° Une *cuve conique* à macération ;

6° Un appareil distillatoire ordinaire ou à distillation continue ;

7° Un *rectificateur,* si l'on n'a qu'un alambic ordinaire ;

8° Quelques *cuviers* et des tonneaux en nombre suffisant.

Si on voulait *distiller à la vapeur,* on devrait avoir un *bouilleur* qui communiquerait avec le fond des appareils par deux tubes à robinets.

Toute la chaleur doit être utilisée : il faut donc conduire par des tuyaux en tôle le calorique en excès dans le local où se fait la fermentation; la véritable économie consiste ici à ne rien perdre.

Il ne nous est guère possible de tracer ici des *prix de revient* pour les pièces d'appareil ; leur prix varie selon leur capacité et selon les contrées. Ainsi, les cuves à fermentation peuvent ne valoir que 80 fr. au lieu de 120 dans les pays où le bois est très-commun ; elles peuvent même être obtenues à un prix encore inférieur ; il en est de même de toute l'instrumentation en bois. Le *cuivre ouvré* a une valeur de 4 fr. 50 c. à 5 fr. le kilogramme, et ce prix varie encore selon les cours commerciaux.

Nous croyons qu'en moyenne on peut obtenir l'alcool à 84° à 25 ou 30 fr. l'hectolitre, quand on le produit dans la ferme. Ce prix de revient baisserait encore si l'on établissait des distilleries communes analogues aux fruiteries, d'après l'idée que nous en avons exposée précédemment.

Le tableau suivant indique les bases du prix de revient.

PRIX DE REVIENT.

Bases de la dépense.

1° Rente ou location de la terre ;
2° Frais de culture, récolte, conservation ,
3° Rente du capital (part de l'alcoolisation dans cette rente) ;
4° Usure des appareils ;

9.

5º Frais de fabrication, main-d'œuvre, combustible, etc.;

6º Futailles ;

7º Loyer du local.

Bases de la recette.

1º Valeur de la pulpe pour la nourriture du bétail;

2º Valeur commerciale de l'alcool produit.

Il faut remarquer que la pulpe a à peu près la même valeur nutritive que la racine entière; le loyer de la terre et les frais de culture et de conservation sont donc à la charge de cette pulpe, et le reste à celle de l'alcool produit. Il est, d'ailleurs, plus commode de faire masse des frais de tout genre et de toutes les valeurs de recettes pour établir son bénéfice par différence.

De quelques plantes alcoolisables.

Aujourd'hui que les prétendues découvertes surgissent partout, nous croyons devoir indiquer un certain nombre de matières premières dont on peut extraire de l'alcool ; nous ne serons, certes, pas complet, cela n'est guère possible, mais nous en dirons assez pour que le fermier intelligent puisse varier ses ressources.

On peut alcooliser (tout en utilisant les pulpes) :

1º La *betterave* surtout ;

2º La *pomme de terre ;*

3º La *carotte*, le *panais cultivé ;*

4° Les *navets doux*, les *rutabagas*, la *rave* douce ;

5° Les *citrouilles* et les *potirons* (nous en avons conseillé l'emploi dès l'an dernier) ;

6° Les tiges de *maïs;*

7° Les tubercules de *topinambour*, d'*asphodèle* et même de *dahlia;*

8° Toutes les *graines féculentes : blé*, *orge*, *avoine*, *riz*, *millet*, *sorgho*, *sarrazin*, *pois*, *vesces*, *fèves*, *haricots*, *lentilles*, etc., etc. L'alcoolisation des grains repose sur les principes émis dans notre chapitre sur l'alcoolisation en général ; elle exige, au préalable, la transformation de leur *fécule* en *glucose*.

Nous ne parlons que pour mémoire du *sorgho sucré*, sur lequel on a déjà fait quelques expériences (1).

L'oignon de lis, l'*oignon doux ordinaire*, le *gland de chêne* peuvent trouver d'utiles applications.

Nous sommes beaucoup plus explicite à l'égard des matières premières de l'alcoolisation dans notre *Traité complet* (2); mais, en présence de toutes les idées qui se heurtent, se croisent avec la prétention d'être nouvelles, nous devions en dire un mot ici, et nous rappelons à nos lecteurs le seul principe qui doive les guider :

TOUTES LES PLANTES QUI CONTIENNENT DU SUCRE ET DE LA FÉCULE, OU L'UN DE CES ÉLÉMENTS, A L'ÉTAT

---

(1) *Voir* la brochure de M. Paul MADINIER, *Le Sorgho à sucre. Culture, récolte, emploi de la graine*, etc. In-8. 60 c. Goin, édit.
(Note de l'éditeur.)

(2) *Traité complet d'alcoolisation*, etc. 2e édit. 1 vol. in-18 avec fig. et tableaux. Prix : 6 fr. A. Goin, éditeur.

PARFAIT OU A L'ÉTAT RUDIMENTAIRE, SONT ALCOOLI-
SABLES.

Nous le déclarons hautement : ce principe ne nous appartient qu'en partie ; les bases en sont éparses dans la science ; mais il n'appartient pas plus à tous les inventeurs du jour. A l'aide de ce principe et de l'examen des plantes, chacun peut découvrir des choses nouvelles ou plutôt d'une application nouvelle.

De l'Alcoométrie.

On entend par *alcoométrie* l'art de découvrir la quantité d'*alcool pur* contenu dans un mélange donné.

Nous ne dirons qu'un mot des moyens alcoométriques, et nous indiquerons seulement ici les principes sur lesquels sont basés l'instrument de M. Gay-Lussac et celui de Cartier. Nous terminerons ensuite ce chapitre par quelques notions sur un petit appareil extrêmement commode, *l'alambic de Salleron*.

M. Gay-Lussac a pris l'*eau distillée* ou *pure* pour le $0°$ point de départ de son *alcoomètre* : l'*alcool pur* représente le $100°$ degré de son échelle, et tout l'espace intermédiaire est divisé en $100°$; en sorte que si l'on place l'alcoomètre dans le mélange donné, et qu'il s'enfonce jusqu'à $15°$, on en concluera que le liquide contient 85 p. 100 d'*eau* et 15 p. 100 d'alcool pur. Cet instrument ne donne les degrés exacts ou n'indique les centièmes d'*alcool pur* d'une manière *précise* qu'à la température de $15°$, pour laquelle il est réglé. Sa construction repose sur la différence de densité de l'alcool et de l'eau.

En effet, l'eau a pour densité 1,000 et l'alcool 815,10 ; il est évident que plus le mélange donné contiendra d'eau, moins l'alcoomètre s'enfoncera , puisque la densité sera plus grande ; au contraire ; plus l'alcool dominera, plus l'instrument s'enfoncera à raison d'une densité beaucoup moindre.

C'est à raison de la division en centièmes que l'on a donné le nom d'*alcoomètre centésimal* à l'instrument de M. Gay-Lussac, et l'usage de ce *pèse-alcool* a été reconnu et sanctionné par une loi. On dit dans la pratique des *degrés centésimaux* ou des *degrés Gay-Lussac* par opposition aux *degrés de Cartier*.

Il serait de la plus haute convenance de n'employer plus dans l'usage que les indications de cet alcoomètre, par la raison qu'elles sont en rapport direct avec l'ensemble des mesures légales françaises ; mais comme, dans la pratique, on parle encore de *degrés Cartier*, il est bon d'en connaître la valeur.

L'alcoomètre de Cartier repose sur le même principe de la densité ; la seule différence qu'il offre quand on le compare à l'alcoomètre centésimal existe dans la division. Cartier a partagé son échelle en 44 divisions . dont le 0° représente l'*eau pure* et le 44° l'alcool absolu. Il résulte de cela que le degré centésimal répond à 44 centièmes de degré Cartier, et que le degré Cartier égale 2° 3 onzièmes Gay-Lussac (1).

---

(1) M. Gay-Lussac, dans ses tables, que nous donnons aussi plus loin, ne calcule les degrés alcoométriques de Cartier qu'à partir de 10°, ce degré, selon lui, étant de l'eau pure. Nous avons adopté une autre opinion qui nous paraît beaucoup plus pratique, sinon plus vraie.   N. B.

Appareil Salleron.

L'appareil le plus commode sans contredit pour se rendre un compte précis de la valeur alcoolique d'un mélange donné, est l'instrument connu sous le nom d'*alambic Salleron*. L'idée qui a servi de base à cet appareil n'est pas neuve, il faut en convenir, mais l'application en est heureuse.

Les *sels* ou les *huiles essentielles* dissoutes dans un liquide quelconque en font varier la densité : il n'est donc pas possible d'obtenir le degré exact d'un mélange alcoolique, si la densité est changée par la présence de corps étrangers dissous. C'est à cet inconvénient qu'obvie le petit alambic de **M. J. Salleron.**

L'appareil se compose d'une *lampe à alcool*, d'un *petit ballon* servant de *chaudière*, communiquant avec un petit *serpentin*, placé dans son *réfrigérant* supporté par trois pieds en cuivre : une *éprouvette* divisée ou *graduée* sert à mesurer le liquide à distiller et à le recevoir ensuite au sortir du serpentin.

Quand il s'agit d'essayer un mélange alcoolique, on mesure la liqueur dans l'éprouvette, et on la verse dans le petit ballon auquel on adapte le bouchon qui est attaché à un tube en caoutchouc : ce tube communique avec le serpentin. On dispose alors le ballon sur la lampe que l'on allume. Quand on a obtenu le tiers ou la moitié du liquide, selon sa richesse, on note le degré de température du produit et son degré alcoolique ou de densité à l'aide d'un petit *thermomètre* et d'un *alcoomètre* disposés à cet effet dans la boîte de l'appareil : on trouve, à l'aide de ces données, le degré réel de force alcoolique en consultant une table de réduction.

Il est évident que cet instrument, d'un prix modique (1), peut suppléer à tous les moyens scientifiques pour l'examen des liquides fermentés et en constater la richesse alcoolique. Nous en conseillons vivement l'emploi à tous ceux de nos lecteurs qui voudraient ne rien livrer au hasard dans leurs recherches ou leurs expériences. Avec l'*alambic Salleron*, on se trouve placé dans les véritables conditions de la pratique, et on n'a plus rien à redouter des aberrations de la théorie.

---

(1) Chez A. Goin, quai des Grands-Augustins, 41. — Prix :
25 fr.

VI

Nous avons dit que le sucre est la base de la production alcoolique, et de nos explications à cet égard le lecteur a pu tirer la conséquence qu'on ne peut faire d'alcool sans sucre fermentescible. Cela est d'une vérité reconnue; mais il faut faire une observation qui complète la justesse de ce principe. Le sucre peut très-bien ne pas exister dans une plante sans que pour cela on puisse la regarder comme non-alcoolisable. En effet, la *cellulose*, la *pectosine*, la *fécule*, les *gommes*, etc. ne présentent pas les caractères du *sucre*, et cependant ces principes se transforment en *glucose* sous l'action des acides. De ceci nous déduirons la règle suivante pour l'usage de ceux de nos lecteurs qui veulent faire l'essai des plantes.

Essai des plantes alcoolisables.

On prend un kilogramme de la matière première, puis on la réduit en pulpe et en poudre, selon sa nature.

On la délaie alors dans quatre litres d'eau et on porte à l'ébullition dans un vase non métallique, après avoir ajouté à la masse environ 20 à 25 grammes d'acide sulfurique étendu de son poids d'eau. Après une heure d'ébullition soutenue, on met quelques gouttes de la liqueur dans une soucoupe, et, après refroidissement, on y verse une goutte de *teinture aqueuse d'iode :* s'il se manifeste une belle couleur *bleue*, c'est une preuve que les parties féculentes ne sont pas encore converties en *glucose*, et on continue à faire bouillir en agitant. Lorsque la couleur *bleue* ne se montre plus, on retire le vase du feu, on passe la matière dans un gros linge avec expression, puis on la filtre.

Si on plonge une petite parcelle de *papier bleu de tournesol* dans ce liquide, la couleur de ce papier, en devenant d'un *rouge* plus ou moins vif, dénote la présence de l'acide; on détruit, ou plutôt on *neutralise* cet acide en versant dans la liqueur de la craie en poudre, jusqu'à ce que le papier de tournesol ne rougisse plus, et prenne tout au plus une *très-légère* teinte vineuse. On laisse alors reposer; et, après quelques heures, on décante le liquide clair, ou bien on filtre.

La liqueur ainsi préparée contient tout le *sucre-*

glucose que l'on pouvait obtenir avec la matière traitée; il ne reste plus qu'à connaître la proportion de ce sucre, et pour cela il y a deux manières de faire.

Le moyen le plus prompt consiste à examiner la *solution sucrée*, à l'aide de l'instrument de **M.** Soleil et sur les indications de **M.** Clerget · ce moyen est incontestablement le plus précieux , s'il s'agissait seulement de connaître la quantité de glucose ; mais, outre que cet appareil est *cher* (220 fr. à 260 fr.), il n'est pas d'un usage aussi précis en *alcoolisation* que la méthode distillatoire. Par le *saccharimètre-Soleil*, vous ne savez pas autre chose que ceci : *la quantité en centièmes de sucre fermentescible ou autre en dissolution dans votre liquide;* et pour nous, ce n'est pas assez. Nous savons, à la vérité, que 100 parties de sucre donnent 51 parties 12 d'alcool, et que, si le saccharimètre accuse, par exemple, 16 p. 100 de matière sucrée, nous devons avoir environ 8,18 d'alcool. Mais ce résultat est théorique; on ne peut en pratique se baser là-dessus, et l'*évaporation*, la *transformation en vinaigre*, la *fermentation vicieuse* ou *incomplète* nous font éprouver des pertes dont il faut tenir compte; d'où nous concluons que les moyens saccharimétriques, excellents pour le *sucre* et la théorie de l'alcoolisation, sont insuffisants pour la pratique de cette dernière. Il faut nous mettre dans les conditions de la pratique, si nous voulons obtenir des résultats moyens sur lesquels on puisse compter.

Voici le moyen qui nous réussit le mieux et nous

donne les indications les plus sûres, auxquelles on peut se rapporter sans crainte dans ses essais. On partage le liquide sucré, préparé comme nous l'avons dit, en deux quantités égales, que l'on place chacune dans un flacon ou un bocal. On met dans le flacon n° 1 un peu de levûre bien délayée; on ne fait pas cette addition dans le flacon n° 2, mais on y ajoute un dixième de la solution de la plante essayée non bouillie; après avoir retranché une égale quantité du liquide préparé. Ceci a besoin d'une courte explication; la voici : les *ferments naturels* ou matières albuminoïdes ont été anéantis, détruits par la chaleur de l'ébullition, et ils ne peuvent plus agir comme *levains*, comme excitants de la fermentation. Il faut donc ajouter à ce *moût* un peu de *jus non bouilli*. Mais, au préalable, il convient de conserver l'égalité des deux liqueurs d'essai, afin de ne pas commettre d'erreur sensible; voilà pourquoi on retranche du flacon n° 2 une quantité égale à celle du *jus non bouilli* et *non acidulé* qu'on doit y ajouter. Il va sans dire que cette expérimentation sur la fermentation par les levains naturels ne se fera pas sur les moûts de graines féculentes, mais elle est très-utile pour toutes les plantes-racines et pour les tiges juteuses ainsi que les fruits.

Il faut exposer ces deux flacons à une température de 20 à 25° centigrades : trois jours après, on essaie les liquides à l'aide de l'appareil Salleron, et on tient note du résultat. Le lendemain et les deux jours suivants, on fait de nouveaux essais sur les deux échantillons et on prend note des quantités d'alcool indiquées.

On obtient ainsi :

1° La quantité en centièmes d'*alcool* fourni par la liqueur après une fermentation régulière *de trois jours*, obtenue par la levûre de bière ;

2° La même donnée pour un liquide ayant fermenté par ses *ferments naturels ;*

3° La proportion d'alcool à diverses périodes de la fermentation, et, par conséquent, la durée la plus utile de cette fermentation.

Lorsque l'on connaît ainsi par un résultat pratique la quantité d'alcool fournie par un kilogramme de matière essayée, et qu'on s'est rendu compte de l'action des ferments et du point précis où il convient d'arrêter la fermentation, rien n'est plus aisé que de conclure sur la possibilité d'utiliser ou non telle ou telle plante, telle ou telle matière première. Nous n'en dirons donc pas davantage à ce sujet, et nous abordons une question bien controversée, celle de la pureté des alcools.

Pureté des divers alcools.

Nous avons répété dans un grand nombre d'occasions, nous avons maintes fois écrit le seul principe qui soit, à cet égard, complétement vrai ; le voici, tel que nous l'avions formulé dès l'an dernier :

De même que toutes les fécules pures sont identiques,

(*au volume près*) *de même* TOUS LES ALCOOLS PURS SONT PHYSIQUEMENT ET CHIMIQUEMENT IDENTIQUES.

En d'autres termes, *il n'y a qu'un seul alcool*, que l'on peut extraire *plus ou moins pur, plus ou moins agréable*, d'un très-grand nombre de matières végétales. Nous allons démontrer la vérité de ce que nous avançons en prenant quelques exemples.

L'alcool de vin se compose de :

1º Charbon ou carbone, 4 proportions,
2º Hydrogène, 4 — } ALCOOL PUR.
3º Eau combinée, 2 —
4º Eau en mélange, quantité variable,
5º Huiles essentielles du raisin, solubles dans l'alcool, insolubles dans l'eau ; quantité variable.

L'alcool de betterave se compose de :

1º Carbone, 4 proportions,
2º Hydrogène, 4 — } ALCOOL PUR.
3º Eau combinée, 2 —
4º Eau en mélange, quantité variable,
5º Huiles essentielles de la betterave, solubles dans l'alcool, insolubles dans l'eau ; quantité variable.

Il n'est pas nécessaire de réfléchir longtemps pour comprendre que les alcools ne diffèrent réellement que par l'huile essentielle *particulière, propre à l'espèce végétale* qui a fourni la matière première. Tel végétal donne une huile essentielle agréable et produit des alcools *bon goût ;* il en est ainsi de l'alcool de vin : telle autre plante donne une huile fétide et produit des alcools de *mauvais goût,* comme l'alcool de betterave, de pomme de terre, de grains, etc. Mais, agréable ou non, parfumée ou fétide, cette huile n'en est pas moins un corps étranger à l'alcool, et l'esprit de vin n'est pas plus *pur* que celui de la betterave ; il est plus suave, plus parfumé, plus agréable ; voilà tout.

L'*alcool* n'est *pur* que lorsqu'il n'est composé *absolument* que de *quatre proportions de charbon, quatre proportions d'hydrogène et deux proportions d'eau en combinaison.*

Ce que nous venons de dire est loin d'être inutile ; car un des plus grands sujets de préoccupation est la transformation des alcools de diverses provenances en alcools de vin, susceptibles des mêmes usages ; or, le problème gît tout entier dans ce qui précède et ce que nous avons dit à propos de M. Champonois. En effet, la solution de cette question importante exige les deux conditions suivantes :

1° *Détruire ou précipiter à l'état de savons insolubles les huiles essentielles* qui rendent l'alcool fétide ;

2° *Substituer à ces essences l'huile volatile du vin,* qu'elle soit extraite du raisin ou de tout autre corps.

Or, nous avons fait voir que la potasse contenue dans la betterave donnait, avec l'*essence* de la plante, un savon *très soluble* dans l'eau ; ce savon est beaucoup *moins soluble* dans l'alcool, d'où il suit que les *sels de potasse* peuvent être employés pour la désinfection des alcools *mauvais goût,* quand ils ne contiennent pas plus de 30 p. 100 d'eau. Ajoutons que tous les *oxydes métalliques,* formant des *savons* insolubles, sont susceptibles du même emploi, et qu'ils sont de beaucoup préférables à la *potasse carbonatée*. Cependant la *potasse*, combinée avec un *oxyde métallique*, celui de *manganèse*, par exemple, donne de meilleurs résultats que si l'on employait seul l'un ou l'autre de ces corps. Disons encore que les *terres* ou les *oxydes terreux*, la *chaux*, la *magnésie*, sont très-avantageuses pour détruire ces huiles, et que l'on a même cherché à employer le *chlore* pour cet objet. Ce dernier corps ne sera franchement utilisable que quand on pourra obvier à quelques inconvénients qu'il présente, et notamment à la formation de l'acide *chlorhydrique* ou *muriatique*.

Cette saponification des essences doit se faire par macération avec agitation ; elle est ordinairement finie en huit à dix heures. Il convient alors de décanter le liquide ; on lave ensuite le dépôt ou on le filtre, on réunit les liqueurs claires et on y ajoute l'*huile de vin* dans la proportion de 1/16 à 1/4 p. 100. On rectifie ensuite au *bain-marie*, et l'alcool, ainsi traité, se mélange parfaitement avec les *Montpellier*.

Huile de vin. — Ammoniaque.

L'*huile de vin* nécessaire pour donner aux alcools l'odeur et le goût des *esprits de vin* s'obtient facilement en distillant du *tartre* avec de l'eau : on recueille l'huile à l'aide d'une *pipette* ou d'un *récipient florentin*.

Quant à l'action de l'*ammoniaque* sur les alcools,

nous n'en dirons qu'un mot : il passe toujours à la distillation avec l'alcool un peu d'*acide acétique* ou de vinaigre. Ce corps donne de la *dureté*, de l'*âcreté* aux eaux-de-vie nouvelles, et l'*ammoniaque vieillit* l'eau-de-vie en neutralisant le vinaigre qui s'y trouve. Mais il se passe ici un fait remarquable.

Quoique l'alcool contienne, lorsqu'il est nouveau, une proportion assez notable d'acide, il reste cependant *neutre,* c'est-à-dire qu'il ne rougit pas les couleurs *bleues* végétales. La cause *sérieuse, vraie* de ce phénomène n'a pas encore été indiquée.

Il faut que l'*alcool* destiné à l'industrie soit parfaitement *neutre,* qu'il ne *rougisse* pas le *papier bleu* et ne tourne pas au *bleu le papier rouge de tournesol ;* c'est là une condition indispensable.

Procédé de désinfection.

Nous rapportons le procédé qui suit pour détruire les huiles essentielles des alcools, parce qu'il donne lieu à une observation utile.

Prenez alcool, 100 litres.

Ajoutez acide sulfurique, 80 à 90 grammes.

Vinaigre fort, 500 grammes.

Faites macérer pendant douze heures en agitant deux ou trois fois, et rectifiez.

On rectifie une seconde fois sur du *manganésiate de potasse.* (Rozière et Latour de Trie.)

Ce procédé n'est pas applicable, parce qu'il donne deux rectifications à faire, et que le manganésiate de potasse *seul* a une action suffisante. Mais quelle peut être ici l'influence de l'acide sulfurique et du vinaigre ? Agissent-ils en se combinant avec un élément de l'essence, ou en *décarbonant* cette essence, en *brûlant* une proportion de son carbone ou charbon ? Ce dernier mode d'action nous paraîtrait le plus plausible, en supposant une action quelconque de ces acides sur les huiles essentielles, quand on les emploie en faible proportion.

OBSERVATION.

Nous trouvons, à propos de la désinfection de l'alcool, un procédé rajeuni de celui que nous venons de rapporter, et qui est inséré dans le n° 17 du *Cosmos*, 3e année, IVe volume. Nous transcrivons, afin de mettre nos lecteurs à même de juger.

Procédé de purification des alcools.

« M. Luther Alwood, de Massachusets, a pris un brevet d'invention pour un procédé à l'aide duquel on dépouille les alcools et les esprits des huiles empyreumatiques qui leur communiquent une odeur désagréable. Je prends, dit-il, trois livres d'oxyde de manganèse réduit en poudre fine, cinq livres de nitrate de potasse ou de nitrate de soude, je les mêle aussi parfaitement que possible, je les fais fondre dans une cornue, et je continue l'action de la chaleur jusqu'à ce que la masse fondue passe de l'état fluide à l'état de matière pâteuse : quand cette masse est refroidie, je la réduis en poudre et la conserve sèche pour l'usage que j'en voudrai faire. Elle contient du manganate de potasse ou de soude, ou des permanganates de ces bases avec excès de potasse ou de soude, et des impuretés terreuses. Par chaque gallon (4 litres 1/2) d'alcool à 85 ou 90 centièmes, j'emploie 2 onces (60 grammes) de poudre, je les dissous dans 8 onces (240 grammes) d'eau, et j'ajoute cette solution à l'alcool en même temps que j'agite vivement. Ces proportions sont celles qui conviennent aux alcools ordinaires ; dans les cas extraordinaires, on ajoutera assez du composé chimique pour faire disparaître complétement l'odeur des huiles empyreumatiques. L'alcool ainsi purifié doit être débarrassé par la distillation à une douce chaleur des matières qu'il tient en dissolution ou en suspension. »

Il est facile de se convaincre, en lisant les lignes qui précèdent, que le procédé Alwood consiste dans l'emploi du manganate ou manganésiate de potasse ou de soude : cette idée n'est pas neuve, tant s'en faut.

Il est parfaitement connu depuis longtemps que la combinaison de la potasse avec l'oxyde de manganèse détruit les huiles empyreumatiques des esprits ; nous en invoquons pour preuve le *Manuel du distillateur (Encyclopédie Roret)*, qui donne le procédé que nous avons cité tout à l'heure. Que signifie la substitution *possible* de la soude à la potasse ? rien. — Ces deux *alcalis* agissent absolument de la même manière sur les huiles essentielles.

D'un autre côté, dans la composition de M. Alwood, on emploie le *nitrate* de l'une de ces bases ; on peut tout aussi bien se servir du *carbonate,* et cela ne présente nulle importance. Un publiciste distingué nous faisait observer encore que dans le procédé Alwood on se sert de la composition désinfectante à l'état de *poudre :* or, il en est de même dans les indications de M. Malepeyre ; d'où nous concluons qu'il y a encore ici une vieillerie rajeunie, corrigée et *brevetée.* Nous dirons à cela comme à propos de M. Dubrunfaut : Qu'importe, si la vieillerie est bonne? Notre mission n'est nullement de contrôler, d'inspecter le mérite de certains brevets; mais il faut de la justice en toutes choses.

Remarque sur l'emploi de l'alambic Salleron et des alcoomètres.

Il peut arriver que lorsqu'un mélange alcoolique est fortement chargé d'huile essentielle, la densité change au point que les indications alcoométriques soient erronées et puissent conduire à des conséquences illusoires.

Le moyen d'obvier à cet inconvénient et d'obtenir des résultats alcoométriques certains, soit à l'aide de l'appareil J. Salleron, soit par les *aréomètres* Gay-Lussac ou Cartier, consiste dans la destruction de cette huile volatile. Pour cet effet, on ajoute au liquide une solution concentrée de potasse ou de soude, ou un simple lait de chaux : on agite, et après une heure de macération on filtre. Si l'on distille alors, on obtient un produit débarrassé de ces causes d'erreurs, et les données de l'alcoomètre sont précises. Nous croyons, d'après un grand nombre d'expériences, qu'il est assez important de prendre cette légère précaution, quand on veut obtenir une appréciation convenable de la valeur d'un liquide alcoolique. On ne peut trop mettre d'attention, lorsqu'il s'agit de se renseigner sur la valeur d'une opération à faire. Si, dans le cas dont nous parlons, la densité du mélange diminue, on est exposé à croire à un résultat plus avantageux qu'il n'est en réalité; dans la supposition d'une augmentation de densité, on peut abandonner une idée applicable et bonne, par la raison que l'alcoomètre ne donnerait pas la force réelle du liquide. Il est donc urgent, dans les deux suppositions, de s'assurer de la pureté du mélange, qui ne doit être composé que d'eau et d'alcool.

Moyen d'activer la fermentation.

Parmi les nombreuses compositions qui ont pour but d'activer la fermentation, nous citerons seulement la suivante, calculée pour une cuve contenant 10 hectolitres.

Prenez :

Sulfate de soude......... 40 grammes.
Farine de froment........ 480

Formez une pâte bien homogène avec quantité suffisante d'alcool à 84°.

Délayez ensuite cette pâte dans un peu de moût, ajoutez à la masse liquide en agitant.

Cette composition a l'avantage de rendre la fermentation très-active sans qu'elle devienne plus tumultueuse. Nous l'avons expérimentée nombre de fois, et nous avons toujours eu à nous en applaudir. Nous conseillons donc de l'employer toutes les fois que la fermentation se ralentira et que l'on aura à craindre un retard dans cette opération importante.

Engrais artificiel très-favorable à la betterave et aux plantes-racines.

La betterave est une plante très-avide de *potasse*, et ce corps ne nuit pas à sa valeur au point de vue de la fabrication des alcools; l'engrais suivant lui convient beaucoup à tous égards.

On creuse *en aval* des écuries une fosse à compost, de 4 mètres de longueur sur 3 mètres de largeur et 2 mètres et demi de profondeur, soit d'une capacité cube de 30 mètres. La pente des écuries est dirigée de manière à ce que les urines des animaux s'écoulent aisément dans cette fosse, dont les parois et le fond sont rendus imperméables à l'aide d'une couche d'argile fortement battue, ou mieux d'un pavé et de murs peu épais.

On dispose dans cette fosse un mélange *de chaux effritée, de cendres et de plâtre ou de plâtras,* par couches de 50 centimètres d'épaisseur. Les urines qui s'écoulent à travers la masse la pénètrent, l'imbibent, et au bout de quinze jours à trois semaines, il se forme une combinaison d'*urate de chaux et de potasse* : on vide alors la fosse et l'on fait sécher les matières à l'air libre. Quand elles sont sèches, on peut les employer; mais il vaut mieux les arroser avec notre solution, étendue au 50me de sulfure soluble de chaux et de potasse.

On fait sécher de nouveau et l'on emploie cet engrais à l'état pulvérulent pour tous les tubercules et les plantes-racines, dans la proportion de 5 à 6 mètres cubes par hectare.

Vin de betteraves.

On a beaucoup parlé, dans ces derniers temps, de la fabrication d'un vin de betteraves dont on a dit beaucoup de bien : le procédé indiqué pour le produire nous paraît incomplet; aussi nous croyons devoir mettre sous les yeux de nos lecteurs les éléments qui peuvent servir à les guider pour la fabrication de ce vin économique.

La betterave contient :

1° Du SUCRE, se dédoublant en *alcool* et *acide carbonique*;

2° De l'ACIDE MALIQUE;

3° Des SELS DE POTASSE. Cette potasse est carbonatée ou sulfatée, mais elle n'existe pas dans la betterave à l'état de *tartrate* ou de *bitartrate,* comme dans le raisin. De là la nécessité d'ajouter de l'*acide tar-trique* ou du tartrate de potasse au moût dont on veut faire du vin.

Le vin contient aussi une certaine proportion de *chlorure de sodium* ou sel marin ; plus, un peu de *sulfate de potasse* et d'autres principes moins impor-tants.

Pour faire le *vin de betteraves*, on réduira donc la racine en pulpe par la râpe ; après avoir extrait le jus par la presion, on le portera dans la cuve à fermen-tation, et on y ajoutera par hectolitre :

Tartre de vin rouge dissous dans l'eau, 500 grammes.
Sel marin,   —   50   —
Sulfate de potasse,   —   30   —

Comme le vin contient un principe *tannant* assez énergique, on fera bien de mêler au moût la décoc-tion de 300 grammes d'*écorce de chêne concassée ;* cette décoction doit, au préalable, être passée à travers un linge. On agite en brassant, pour bien mélanger les matières, puis on ajoute un demi-litre de levûre fraîche en brassant avec soin.

Après deux jours de fermentation, on soutire le liquide dans un tonneau, et, après l'avoir laissé *tra-vailler* en cave une quinzaine de jours, on le colle avec quelques blancs d'œufs battus. Cette boisson, ainsi préparée, est saine, rafraîchissante et moins désagréable qu'en l'obtenant par l'autre procédé.

TABLES ALCOOMÉTRIQUES.

Nous terminons cet opuscule par les tables alcoométriques dont nous avons parlé dans notre chapitre
sur l'alcoolisation en général; mais nous devons pré-
venir nos lecteurs que, par une raison de pratique,
nous avons cru devoir prendre pour base de notre
table de concordance des degrés Cartier, avec les
degrés centésimaux, une appréciation différente de
celle de M. Gay-Lussac.

Nous avons pris avec M. Regnault le 0° de Cartier
pour chiffre de l'eau pure, que M. Gay-Lussac place
à 10° C. Cette appréciation est plus commode en
pratique, et l'échelle de Cartier a été tant remaniée,
que l'on ne sait plus guère quelle en est la base
absolue.

Nous conseillons donc de s'en tenir toujours aux
tables de M. Gay-Lussac, dont nous transcrivons les
plus indispensables.

PREMIERE TABLE DE CONCORDANCE

De l'alcoomètre centésimal de M. Gay-Lussac et de l'alcoo-mètre de Cartier, indiquant la quantité d'eau mélangée pour chaque degré.

GAY-LUSSAC.	CARTIER.	EAU MÉLANGÉE.	GAY-LUSSAC.	CARTIER.	EAU MÉLANGÉE.
0°	0°	100 eau pure.	34°	14° 96	66
1°	0° 44	99	35°	15° 40	65
2°	0° 88	98	36°	15° 84	64
3°	1° 32	97	37°	16° 28	63
4°	1° 76	96	38°	16° 72	62
5°	2° 20	95	39°	17° 16	61
6°	2° 64	94	40°	17° 60	60
7°	3° 08	93	41°	18° 04	59
8°	3° 52	92	42°	18° 48	58
9°	3° 96	91	43°	18° 92	57
10°	4° 40	90	44°	19° 36	56
11°	4° 84	89	45°	19° 80	55
12°	5° 28	88	46°	20° 24	54
13°	5° 72	87	47°	20° 68	53
14°	6° 16	86	48°	21° 12	52
15°	6° 60	85	49°	21° 56	51
16°	7° 04	84	50°	22°	50
17°	7° 48	83	51°	22° 44	49
18°	7° 92	82	52°	22° 88	48
19°	8° 36	81	53°	23° 32	47
20°	8° 80	80	54°	23° 76	46
21°	9° 24	79	55°	24° 20	45
22°	9° 68	78	56°	24° 64	44
23°	10° 12	77	57°	25° 08	43
24°	10° 56	76	58°	25° 52	42
25°	11°	75	59°	25° 96	41
26°	11° 44	74	60°	26° 40	40
27°	11° 88	73	61°	26° 84	39
28°	12° 32	72	62°	27° 28	38
29°	12° 76	71	63°	27° 72	37
30°	13° 20	70	64°	28° 16	36
31°	13° 64	69	65°	28° 60	35
32°	14° 08	68	66°	29° 04	34
33°	14° 52	67	67°	29° 48	33

GAY-LUSSAC.	CARTIER.	EAU MÉLANGÉE.	GAY-LUSSAC.	CARTIER.	EAU MÉLANGÉE.
68°	29° 92	32	85°	37° 40	15
69°	30° 36	31	86°	37° 84	14
70°	30° 80	30	87°	38° 28	13
71°	31° 24	29	88°	38° 72	12
72°	31° 68	28	89°	39° 16	11
73°	32° 12	27	90°	39° 60	10
74°	32° 56	26	91°	40° 04	9
75°	33°	25	92°	40° 48	8
76°	33° 44	24	93°	40° 92	7
77°	33° 88	23	94°	41° 36	6
78°	34° 32	22	95°	41° 80	5
79°	34° 76	21	96°	42° 24	4
80°	35° 20	20	97°	42° 68	3
81°	35° 64	19	98°	43° 12	2
82°	36° 08	18	99°	43° 56	1
83°	36° 52	17	100°	44°	0
84°	36° 96	16	ALCOOL pur, anhydre ou absolu.		

Usage de la table précédente.

La table qui précède est simplement une table de concordance; c'est-à-dire que, par son moyen, on peut trouver immédiatement à quel degré de l'alcoomètre *ancien* de Cartier correspond un degré de l'échelle alcoométrique centésimale de M. Gay-Lussac. On peut également savoir immédiatement la quantité d'eau contenue dans un mélange alcoolique dont on a pris le degré.

Ainsi, supposons qu'un mélange alcoolique marque 55° à l'instrument de M. Gay-Lussac, ce chiffre correspond à 24° 2 dixièmes de Cartier, et le mélange est composé de 55 parties d'alcool *pur*, et 45 parties d'eau sur 100.

Cette table n'est exacte qu'à la température moyenne de 15° du thermomètre centigrade.

La deuxième table de concordance qui suit est l'inverse de celle-ci ; elle sert à indiquer à quel degré de Gay-Lussac correspond un degré donné de l'alcoomètre de Cartier. Nous ne donnons cette table que pour ceux de nos lecteurs peu habitués à l'échelle centésimale, qui donnent encore aux ESPRITS les noms de *trois-six*, etc.

DEUXIÈME TABLE DE CONCORDANCE

De l'alcoomètre de Cartier et de l'alcoomètre centésimal de M. Gay-Lussac, indiquant la quantité d'eau mélangée pour chaque degré.

CARTIER	GAY-LUSSAC.	EAU 0/0.	CARTIER	GAY-LUSSAC.	EAU 0/0.
0º	0º	100 parties.	23º	52º 27	47,73
1º	2º 27	97,73	24º	54º 54	45,46
2º	4º 54	95,46	25º	56º 81	43,19
3º	6º 81	93,19	26º	59º 09	40,91
4º	9º 09	90,91	27º	61º 36	38,64
5º	11º 36	88,64	28º	63º 63	36,37
6º	13º 63	86,37	29º	65º 91	34,09
7º	15º 91	84,09	30º	68º 18	31,82
8º	18º 18	81,82	31º	70º 45	29,55
9º	20º 45	79,55	32º	72º 72	27,28
10º	22º 72	77,28	33º	75º	25,
11º	25º	75,	34º	77º 27	22,73
12º	27º 27	72,73	35º	79º 54	20,46
13º	29º 54	70,46	36º	81º 81	18,19
14º	31º 81	68,19	37º	84º 09	15,91
15º	34º 09	65,91	38º	86º 36	12,64
16º	36º 36	63,64	39º	88º 33	11,37
17º	38º 63	61,37	40º	90º 91	9,09
18º	40º 91	59,09	41º	93º 18	6,82
19º	43º 18	56,82	42º	95º 45	4,55
20º	45º 45	54,55	43º	97º 72	2,28
21º	47º 72	52,28	44º	100º	0, alcool pur.
22º	50º	50,		—	

A l'aide de ce tableau, on peut convertir les degrés de Cartier en degrés centésimaux.

Voici les degrés les plus usités dans le commerce des eaux-de-vie et des alcools, avec leurs valeurs réelles.

Eaux-de-vie	18º Cartier donne	40º	9/10 G.-L.	Alcool. 59,09	Eau... 40,91
	19º —	— 43º	18/100 —	Eau... 56,82	Alcool. 43,18
	20º —	— 45º	45/100 —	Eau... 54,55	Alcool. 45,45
	21º —	— 47º	7/10 —	Eau... 52,28	Alcool. 47,72
	22º —	— 50º	— —	Eau... 50	Alcool. 50
Eaux-de-vie doubles.	24º —	— 54º	54/100 —	Eau... 45,46	Alcool. 54,54
	25º —	— 56º	8/10 —	Eau... 43,19	Alcool. 56,81
	27º —	— 61º	36/100 —	Eau... 38,64	Alcool. 61,36
	28º —	— 63º	63/100 —	Eau... 36,37	Alcool. 63,63
Esprits.	30º —	— 68º	18/100 —	Eau... 31,82	Alcool. 68,18
	31º —	— 70º	45/100 —	Eau... 29,55	Alcool. 70,45
	33º —	— 75º	— —	Eau... 25	Alcool. 75
	34º —	— 77º	27/100 —	Eau... 22,73	Alcool. 77,27
	36º —	— 81º	8/10 —	Eau... 18,19	Alcool. 81,81
	40º —	— 90º	9/10 —	Eau... 9,09	Alcool. 90,91
	44º —	— 100º	— —	Eau... 0	Alcool. 100

Il est aisé de voir l'usage et l'utilité des tables de concordance que nous venons de donner. La première est exacte; la seconde présente des erreurs en plus ou en moins de 1/2 centième environ, erreurs nécessaires pour l'établissement des chiffres ronds; mais chacun peut y remédier sur cette donnée, qu'un degré de Gay-Lussac équivaut à 44 centièmes de degré Cartier, et qu'un degré Cartier a la même valeur que 2 degrés 3 onzièmes Gay-Lussac.

ÉVALUATION

De la force des liquides spiritueux en degrés de Cartier et en degrés centésimaux, suivant M. Gay-Lussac.

DEGRÉS DE CARTIER.	DEGRÉS CENTÉSIMAUX.	DEGRÉS DE CARTIER.	DEGRÉS CENTÉSIMAUX.	DEGRÉS DE CARTIER.	DEGRÉS CENTÉSIMAUX.	DEGRÉS DE CARTIER.	DEGRÉS CENTÉSIMAUX.	DEGRÉS DE CARTIER.	DEGRÉS CENTÉSIMAUX.	DEGRÉS DE CARTIER.	DEGRÉS CENTÉSIMAUX.
10	0.0	16	37.9	22	59 5	28	74.8	34	86.9	40	95.9
1	1.3	1	39.1	1	60.2	1	75.3	1	87.3	1	96.2
2	2 6	2	40.3	2	60.9	2	75.9	2	87.7	2	96.5
3	3.9	3	41.4	3	61.6	3	76 4	3	88.1	3	96.8
11	5.3	17	42.5	23	62 3	29	77	35	88.6	41	97.1
1	6.7	1	43.5	1	63	1	77.5	1	89	1	97 4
2	8.3	2	44.5	2	63.7	2	78	2	89.4	2	97.7
3	9.9	3	45.5	3	64.4	3	78.6	3	89.8	3	98
12	11.6	18	46.5	24	65	30	79.1	36	90.2	42	98.2
1	13.2	1	47.4	1	65.7	1	79.6	1	90.6	1	98 4
2	15	2	48.3	2	66.3	2	80.1	2	91	2	98.7
3	16.8	3	49 2	3	67	3	80.7	3	91.4	3	98 9
13	18.8	19	50 1	25	67.7	31	81.2	37	91.8	43	99.2
1	20.6	1	51	1	68.3	1	81 7	1	92.1	1	99.5
2	22.5	2	51.8	2	68.9	2	82.2	2	92.5	2	99.8
3	24.3	3	52.6	3	69.6	3	82.7	3	92.9	3	100.0
14	26.1	20	53.4	26	70.2	32	83.2	38	93 3	44	
1	27.9	1	54.2	1	70 8	1	83.6	1	93.6		
2	29.5	2	55	2	71.4	2	84.1	2	94		
3	31.1	3	55.8	3	72	3	84.6	3	94.3		
15	32.6	21	56.5	27	72.6	33	85.1	39	94.6		
1	34	1	57.2	1	73.1	1	85.5	1	94.9		
2	35.4	2	58	2	73.7	2	86	2	95.2		
3	36.6	3	58.8	3	74.3	3	86.5	3	95 6		
16	37.9	22	59.5	28	74.8	34	86.9	40	95.9		

Nota. — Les petits chiffres 1, 2, 3, indiquent les quarts de degré Cartier.

N. B.

ÉVALUATION

*De la force des liquides spiritueux en degrés centésimaux
et en degrés de Cartier, d'après M. Gay-Lussac.*

DEGRÉS CENTÉSIMAUX.	DEGRÉS DE CARTIER.	DEGRÉS CENTÉSIMAUX.	DEGRÉS DE CARTIER.	DEGRÉS CENTÉSIMAUX.	DEGRÉS DE CARTIER.	DEGRÉS CENTÉSIMAUX.	DEGRÉS DE CARTIER.
0	10.00	26	13.98	52	19.56	78	29.46
1	10.19	27	14.12	53	19.88	79	29.93
2	10.38	28	14.26	54	20.18	80	30.41
3	10.57	29	14.42	55	20.50	81	30.89
4	10.75	30	14.57	56	20.84	82	31.39
5	10.83	31	14.73	57	21.16	83	31.89
6	11.11	32	14.90	58	21.48	84	32.41
7	11.29	33	15.07	59	21.81	85	32.96
8	11.45	34	15.24	60	22.15	86	33.51
9	11.62	35	15.43	61	22.51	87	34.07
10	11.76	36	15.63	62	22.87	88	34 64
11	11.91	37	15 83	63	23.24	89	35.25
12	12.07	38	16.02	64	23.61	90	35.87
13	12.22	39	16.22	65	23.98	91	36.50
14	12.36	40	16.43	66	24.35	92	37.15
15	12.50	41	16.66	67	24.73	93	37.81
16	12 63	42	16.88	68	25.11	94	38.52
17	12 77	43	17.12	69	25.51	95	39.29
18	12.90	44	17.37	70	25.93	96	40.09
19	13.02	45	17.62	71	26.34	97	40.92
20	13.17	46	17.88	72	26.77	98	41.82
21	13.30	47	18.14	73	27.22	99	42.75
22	13.42	48	18.42	74	27.65	100	43 84
23	13.55	49	18.69	75	28.09		
24	13.70	50	18.97	76	28.54		
25	13.84	51	19.26	77	28.99		
26	13.98	52	19.56	78	29.46		

Tout ce qui suit est extrait du travail de M. Gay-Lussac.

CORRESPONDANCE

*De l'aréomètre de Cartier avec l'alcoomètre centésimal,
à la température de 15° centigrades.*

« La correspondance des deux instruments étant utile pour interpréter les indications de l'une par celles de l'autre, nous l'avons donnée dans les deux tables suivantes, à la température de 15°. Comme on ne connaît pas exactement la valeur des degrés de Cartier, nous avons cru ne pouvoir mieux faire, pour dresser nos deux tables, que de comparer l'alcoomètre centésimal à plusieurs aréomètres en argent, que M. le Directeur général des contributions indirectes a fait mettre à notre disposition. Nous avons supposé, ce qui est incontestable, que l'aréomètre de Cartier devait marquer 8° dans l'eau distillée (1), à la température de 12°,5 centigrades (10° de Réaumur); et pour la seconde donnée nécessaire à la formation de son échelle, nous avons trouvé qu'il marquait 28 degrés à la température de 15° centigrades dans le même liquide où l'alcoomètre marquait 74°; résultat qui est d'accord avec celui donné par Baumé, que 29 degrés de Cartier correspondent à 31 des

---

(1) Nous considérons cette évaluation comme faite à 0° de tem pérature. N. B.

siens. Néanmoins, en comparant l'aréomètre de Cartier, construit comme il vient d'être dit, avec ceux de la Régie, nous avons trouvé entre eux, au-dessus et au-dessous de 28°, des différences en sens contraire, qui s'élèvent jusqu'à un quart de degré. L'aréomètre de Cartier marque même dans l'eau distillée près d'un demi-degré de plus qu'il ne devrait marquer.

« Cet instrument a donc dégénéré dans les mains des artistes, et cela n'a pu se faire autrement, puisqu'il n'avait qu'une base constante qui fût connue, et qu'aujourd'hui il n'en a plus aucune. C'était un inconvénient très-grave pour un instrument de cette importance; mais heureusement il ne pourra plus se présenter.

« Les deux tables suivantes, faites à la température de 15°, mais servant aussi pour une température différente, donnent les indications de chaque instrument plongé dans le même liquide spiritueux. L'aréomètre de Cartier dont il est ici question est celui dont nous avons donné les bases.

« Nous faisons remarquer que, dans la table suivante, les petits chiffres 1, 2, 3, entre les degrés de Cartier, représentent des quarts de ces degrés. »

EVALUATION

Des degrés de Cartier en degrés centésimaux, à la température de 15° centigrades.

Deg. de Cartier.	Degrés centésimaux.	Deg. de Cartier.	Degrés centésimaux.	Deg. de Cartier.	Degrés centésimaux.	Deg. de Cartier.	Degrés centésimaux.	Deg. de Cartier.	Degrés centésimaux.	Deg. de Cartier.	Degrés centésimaux.	Deg. de Cartier.	Degrés centésimaux.
10	0.2	15	31.6	20	52.5	25	66.9	30	78.4	35	88	40	95.4
1	1.1	1	33	1	53.3	1	67.5	1	78.9	1	88.4	1	95.7
2	2.4	2	34.4	2	54.1	2	68.1	2	79.4	2	88.8	2	96
3	3.7	3	35.6	3	54.9	3	68.8	3	80	3	89.2	3	96.3
11	5.1	16	36.9	21	55.6	26	69.4	31	80.5	36	89.6	41	96.6
1	6.5	1	38.1	1	56.4	1	70	1	81	1	90	1	96.9
2	8.1	2	39.3	2	57.2	2	70.6	2	81.5	2	90.4	2	97.2
3	9.6	3	40.4	3	58	3	71.2	3	82	3	90.8	3	97.5
12	11.2	17	41.5	22	58.7	27	71.8	32	82.5	37	91.2	42	97.7
1	12.8	1	42.5	1	59.4	1	72.3	1	82.9	1	91.5	1	98
2	14.5	2	43.5	2	60.1	2	72.9	2	83.4	2	91.9	2	98.3
3	16.3	3	44.5	3	60.8	3	73.5	3	83.9	3	92.3	3	98.5
13	18.2	18	45.5	23	61.5	28	74	33	84.4	38	92.7	43	98.8
1	20	1	46.4	1	62.2	1	74 6	1	84.8	1	93	1	99.1
2	21.8	2	47.3	2	62 9	2	75.2	2	85.3	2	93.4	2	99.4
3	23.5	3	48.2	3	63.6	3	75.7	3	85.8	3	93.7	3	99.6
14	25.2	19	49.1	24	64 2	29	76.3	34	86.2	39	94.1	44	99.8
1	26.9	1	50	1	64.9	1	76.8	1	86.7	1	94.4		
2	28.5	2	50.9	2	65.5	2	77.3	2	87.1	2	94.7		
3	30.1	3	51.7	3	66.2	3	77.9	3	87.5	3	95.1		
15	31.6	20	52 5	25	66.9	30	78.4	35	88	40	95.4		

« On voit, par cette table, combien est inégale la valeur des degrés de Cartier : la différence du 12e au 13e est de 7o centésimaux, et du 35e au 36e seulement de 1o,6.

ÉVALUATION

*Des degrés centésimaux en degrés de Cartier, à la
température de 15° centigrades.*

DEGRÉS CENTÉSIMAUX.	DEGRÉS DE CARTIER.	DEGRÉS CENTÉSIMAUX.	DEGRÉS DE CARTIER.	DEGRÉS CENTÉSIMAUX.	DEGRÉS DE CARTIER.	DEGRÉS CENTÉSIMAUX.	DEGRÉS DE CARTIER.
0	10.03	25	13.97	50	19.25	75	28.43
1	10.23	26	14.12	51	19.54	76	28.88
2	10.43	27	14.26	52	19.85	77	29.34
3	10.62	28	14.42	53	20.15	78	29.81
4	10.80	29	14.57	54	20.47	79	30.29
5	10.97	30	14.73	55	20.79	80	30.76
6	11.16	31	14.90	56	21.11	81	31.26
7	11.33	32	15.07	57	21.43	82	31.76
8	11.49	33	15.24	58	21.76	83	32.28
9	11.66	34	15.43	59	22 10	84	32.80
10	11.82	35	15.63	60	22.46	85	33.33
11	11.98	36	15.83	61	22.82	86	33.88
12	12.14	37	16.02	62	23.18	87	34.43
13	12.28	38	16.22	63	23.55	88	35.01
14	12.43	39	16.43	64	23.92	89	35 62
15	12.57	40	16.66	65	24.29	90	36.24
16	12.70	41	16.88	66	24.67	91	36.89
17	12.84	42	17.12	67	25.05	92	37.55
18	12.97	43	17.37	68	25.45	93	38.24
19	13.10	44	17.62	69	2 .85	94	38.95
20	13.25	45	17.88	70	26.26	95	39.70
21	13.38	46	18.14	71	26.68	96	40.49
22	13.52	47	18.42	72	27.11	97	41.33
23	13.67	48	18.69	73	27.54	98	42.25
24	13.83	49	18.97	74	27.98	99	43.19
25	13.97	50	19.25	75	28.43	100	44.19

Nota. — Ces tables, comparées à celles qui ont été données dans
la loi relative à l'alcoomètre centésimal, présentent quelques légères différences dues à un nouveau calcul plus rigoureux. Pour
qu'on puisse les apprécier, nous donnons à la page suivante la
table de Cartier en degrés centésimaux, rapportée dans la loi.

ÉVALUATION

Des degrés de Cartier en degrés centésimaux, telle qu'elle est donnée dans la loi relative à l'alcoomètre centésimal.

Degrés de Cartier.	Degrés centésimaux.	Degrés de Cartier.	Degrés centésimaux.	Degrés de Cartier.	Degrés centésimaux.	Degrés de Cartier.	Degrés centésimaux.	Degrés de Cartier.	Degrés centésimaux.	Degrés de Cartier.	Degrés centésimaux.
10	0.0	16	37 0	22	58.7	28	74.0	34	86.2	40	95.4
1	1.2	1	38.2	1	59.4	1	74.6	1	86.6	1	95.7
2	2.5	2	39.4	2	60.1	2	75.1	2	87.1	2	96.0
3	3.9	3	40.5	3	60.8	3	75.7	3	87.5	3	96.3
11	5.3	17	41.5	23	61.5	29	76.3	5	88.0	41	96.6
1	6.7	1	42.6	1	62.2	1	76.8	1	88.4	1	96 9
2	8.2	2	43.6	2	62.9	2	77.3	2	88.8	2	97.2
3	9.8	3	44.6	3	63 6	3	77.9	3	89.2	3	97.4
12	11.3	18	45.5	24	64.2	30	78.4	36	99.6	42	97.7
1	13.0	1	46 5	1	64.9	1	78.9	1	90.0	1	98.0
2	14.7	2	47.4	2	65.6	2	79.4	2	90.4	2	98.3
3	16.5	3	48.2	3	66.2	3	79.9	3	90.8	3	98 5
13	18.4	19	49.2	25	66.9	31	80.5	37	91.1	43	98.8
1	20.2	1	50.1	1	67.5	1	81.0	1	91.5	1	99.0
2	22.0	2	50.9	2	68.1	2	81.5	2	91.9	2	99.3
3	23.7	3	51.7	3	68.8	3	82.0	3	92.3	3	99.6
14	25.4	20	52.5	26	69.4	32	82.4	38	92.6	44	99.9
1	27.1	1	53.3	1	70.0	1	82.9	1	93 0		
2	28.7	2	54.1	2	70.6	2	83.4	2	93.3		
3	30.2	3	54.9	3	71.2	3	83.9	3	93.7		
15	31.7	21	55.7	27	71 8	33	84.3	39	94.0		
1	33.1	1	56.5	1	72.3	1	84.8	1	94.4		
2	34.5	2	57 2	2	72.9	2	85.3	2	94.7		
3	35.8	3	58.0	3	73.5	3	85.8	3	95.0		
16	37.0	22	58.7	28	74.0	34	86.2	40	95.4		

11.

ÉVALUATION

De la force des liquides spiritueux en degrés de Cartier et en degrés centésimaux.

« Les tables précédentes ne font connaître que les indications des deux instruments dans le même liquide spiritueux ; mais, comme ils ont été gradués chacun à une température différente, ces indications, la température étant de 12º,5 centigrades (10º de Réaumur), par exemple, donneront immédiatement la force du liquide spiritueux à l'aréomètre de Cartier, et auront besoin d'une correction pour l'alcoomètre.

« Si, par exemple, vous prenez un liquide spiritueux marquant 33º,5 à l'aréomètre de Cartier, à la température de 12º,5 centigrades (10º de Réaumur), et que vous y plongiez l'alcoomètre, celui-ci s'y enfoncera moins qu'à la température de 15º (qui est celle à laquelle il donne immédiatement la force des liquides spiritueux), de toute la quantité due à l'abaissement de température de 15º à 12º,5. Cette quantité, d'après la table de la force réelle, est de 0º,65. Ainsi le liquide spiritueux dont la force est exprimée, à la température de 12º,5, par 33º,5 de Cartier, en aurait une équivalente, exprimée en degrés centésimaux, à la température de 15º,

85º,3

0º,65

par . . . . 85º,95 ou à peu près 86.

« Une correction semblable est nécessaire pour chaque liquide spiritueux.

« Si , dans le commerce, on était dans l'usage de faire la correction des variations de volume causées par les différences de température des liquides spiritueux , il y en aurait une semblable à faire, pour la conversion des degrés de Cartier en degrés centésimaux , due à la différence des températures 12º,5 et 15º adoptées pour les deux instruments.

« Par exemple, on a trouvé qu'un esprit de la force de 33º,5 de Cartier est le même qu'un esprit de la force de 86º centésimaux ; mais 1 litre de chacun de ces liquides ne renferme pas la même quantité d'alcool : car 1 litre du premier est mesuré à la température de 12º,5, tandis que 1 litre du deuxième l'est à celle de 15º. La différence de volume due à cette différence de température est, d'après la force réelle de 0$^{\text{lit.}}$,0025 ; en sorte que 1 litre d'esprit de la force de 33º,5 de Cartier équivaut à 1$^{\text{lit.}}$,0025 d'esprit de la force de 86º centésimaux, et sa richesse est de 1$^{\text{lit.}}$,0025 multiplié par 0,86, c'est-à-dire de 0,862. »

On doit encore à M. Salleron , dont nous avons déjà parlé dans un chapitre précédent, au sujet de son appareil d'essai , un petit instrument destiné à donner à la pratique le degré exact de la force alcoolique d'une eau-de-vie ou d'un esprit.

Il se compose d'une petite règle plate présentant sur les côtés l'indication alcoométrique ; le milieu est occupé par une rainure à coulisse, dans laquelle peut glisser à volonté une réglette mobile marquant les degrés de température de 0º à 30º, comme l'indique la figure ci-contre.

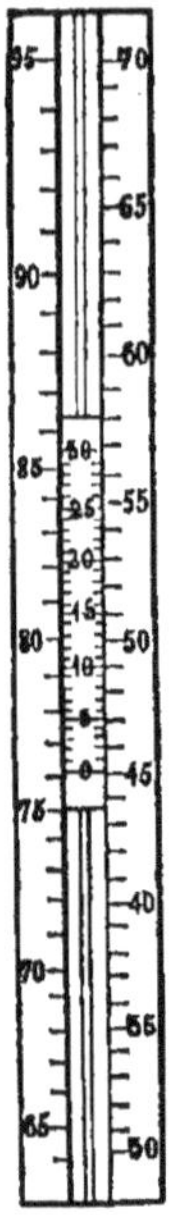

Si l'on veut connaître la valeur précise d'un esprit dont le degré apparent est donné à une température connue, il suffit de faire araser le point de la réglette intérieure donnant la température avec la ligne du degré alcoolique apparent, le bouton de la réglette, correspondant à la température de 15º, donnera le degré alcoolique réel, marqué sur l'un des bords de la règle.

L'idée qui a conduit à la construction de ce régulateur est très-simple, mais on peut dire que les applications les plus fécondes en résultats sont celles qui reposent sur les principes admis élémentairement, lesquels induisent moins fréquemment en erreur que les savantes théories.

M. J. Salleron a rendu, par son appareil d'essai et la règle de compensation dont nous venons de parler, un véritable service à la pratique. Signaler ces faits, c'est dire combien les hommes de recherche sérieuse méritent de reconnaissance de la part du public, dont l'intérêt forme le sujet constant de leurs efforts.

TABLE DE DENSITÉ

DE L'ALCOOL *PUR* DE 0° A 78°,4 DE TEMPÉRATURE.

Observation. — Cette table est basée sur la dilatation des liquides par la chaleur ; or, la dilatation moyenne de l'alcool par degré centigrade est de 0,011 de son volume initial, en sorte que 1,000 litres à 0° acquièrent par chaque degré cette augmentation de volume de 0,011, quand il n'y a pas de compression suffisante qui s'y oppose. Les indications de la table sont applicables de 5° en 5°.

TEMPÉRATURE.	VOLUME.	DENSITÉ.
0°	1,000	815,10
5°	1,005,55	810,60
10°	1,011,43	805,88
15°	1,017,51	801,07
20°	1,024,34	795,73
25°	1,029,15	792,01
30°	1,034,74	787,79
35°	1,040,28	783,53
40°	1,045,68	779,49
45°	1,050,85	775,64
50°	1,056 02	771,76
55°	1,064,01	768,21
60°	1,065,96	764,66
65°	1,070,74	761,24
70°	1,075,48	757.89
75°	1,080,11	753,84
78°4	1,083,39	752,36

Vaporisation.

TABLE DE DENSITÉ

DE DIVERS MELANGES A 15° DE TEMPÉRATURE.

DEGRÉS ALCOOLIQUES.		DENSITÉ.	
50°	Gay-Lussac.	895,28	
55°	—	885,86	
60°	—	876,44	
65°	—	867,02	Volume
70°	—	857,60	supposé constant
75°	—	849,07	à 1,000 litres.
80°	—	838,75	
85°	—	829,33	
90°	—	819,91	

Levûre artificielle.

Dans le cas où on manquerait de levûre, on peut employer parfaitement le mélange suivant :

Prenez :

Farine de seigle ou d'orge, quantité suffisante.

Eau tiède,   id.

Faites une pâte molle, que vous soumettez à la chaleur (25 à 30°) ; bientôt cette préparation devient aigre et peut remplacer la levûre.

Le levain de pâte est également utilisable.

On pourrait encore obtenir un bon ferment par le procédé de Westrumb, qui préparait une levûre assez énergique par le procédé suivant :

Moût de bière..................... .... 170 kil.

Drèche { d'orge............ ..... 34 kil. } 50 —
{ de froment........ 16 — }

Houblon .... 5 —

Total........ ...... 225 kil.

Il faisait brasser ce mélange avec force, puis on filtrait, et la liqueur était réduite par évaporation à 85 kilogrammes. Le refroidissement devait s'opérer très-vite, en plusieurs vases s'il y avait lieu, et, après avoir réuni les liqueurs, on y délayait 16 kilogrammes de levûre. Aussitôt que l'écume s'élevait, il troublait ce commencement de fermentation en agitant et en mélangeant 30 kilogrammes de malt bien moulu ou pareille quantité de farine de froment, de seigle ou d'orge.

Cette levûre demande à être conservée en lieu frais ; elle se conserve dix à quinze jours en été et cinq à six semaines en hiver.

Elle est comparable à la bonne levûre de bière et beaucoup plus économique.

(Traité d'Alcoolisation générale, 2ᵉ édit.)

APPENDICE.

—

NOTES SUPPLÉMENTAIRES.

NOTE A.

Sur la distillation des mélasses de betteraves.

Pour démontrer que la question de *distillation des mélasses* de betteraves était connue, ainsi que celle de l'application des résidus à la nourriture du bétail, longtemps avant les chasseurs de brevets actuels, nous reproduirons toutes les preuves les plus importantes qui seront de nature à tranquilliser les cultivateurs et à leur faire voir qu'il s'agit ici d'une affaire de domaine public *en principe et en fait.* Pourvu donc qu'ils évitent les faiseurs dans l'application, ils n'ont absolument rien à craindre.

I. — Circulaire concernant la fabrication du sucre de betteraves, adressée, en 1815, à MM. les préfets des départements, par M. le directeur général du commerce et des manufactures (le comte CHAPTAL).

« Monsieur le préfet,

« La fabrication du sucre de betteraves n'est plus un problème, ni sous le rapport du succès, ni sous celui de l'économie.

« Depuis un an que les ports français sont ouverts et que les denrées coloniales ne sont assujetties qu'à des droits modiques, plusieurs établissements de sucre de betteraves se sont maintenus et ont donné des bénéfices.

« Les préjugés qui avaient attaqué, dès sa naissance, cette précieuse branche d'industrie, sont tous dissipés. Ce sucre est reconnu pour être rigoureusement de la même nature que celui de canne ; sa fabrication est plus facile et plus éclairée, et nous touchons au moment de nous affranchir du nouveau monde pour un de ses produits les plus importants.

« *Indépendamment du grand avantage que présente cette fabrication pour nous approvisionner d'un objet de première nécessité, la culture de la betterave en offre encore de considérables à l'agriculteur, puisque les résidus fournissent une nourriture aussi abondante que saine pour les bestiaux, et que les mélasses fermentées donnent beaucoup d'eau-de-vie pour la distillation.*

« J'appelle donc toute votre attention, Monsieur le préfet, sur ce grand objet d'utilité publique.

« Nous sommes dans la saison de semer les betteraves. On peut les semer à la volée sur les terres déjà préparées pour recevoir les blés en automne ; on sarcle soigneusement dès que la plante a bien levé, et on ne laisse que les individus les plus forts. Par ce moyen on a toujours une bonne récolte ; on arrache les betteraves dans la première quinzaine du mois d'octobre, et on sème du blé dans le même terrain. Cette méthode, pratiquée sur plusieurs endroits, présente de grands avantages ; elle donne le moyen de produire deux récoltes dans l'année, et le prix des betteraves en diminue d'autant.

« Je me ferai un devoir de vous transmettre des instructions sur le mode le plus parfait de fabrication, de manière à assurer un plein succès dans chaque établissement.

« Vous trouverez facilement de la bonne graine, à raison de 10 sous la livre, tant à Paris que dans les départements où cette culture est connue.

« Sa Majesté m'a déjà entretenu plusieurs fois du désir qu'elle a de voir reprendre avec activité la fabrication du sucre indigène : elle se propose de lui accorder les encouragements généraux les plus propres à en accélérer le développement. Je compte sur votre empressement à seconder ses vues, dont l'accomplissement ne sera pas moins utile à l'intérêt particulier qu'à l'intérêt public.

« Recevez, Monsieur le préfet, l'assurance de ma considération,

« *Le directeur général,*

« Signé : le comte CHAPTAL. »

II. — Extrait d'un mémoire de M. Drapier, pharmacien à Lille, adressé le 20 février 1811, à la Société d'encouragement, et daté du 24 janvier précédent.

« Voici les principaux résultats des nombreuses expériences que j'ai faites sur les végétaux qui m'ont paru contenir le plus de matière sucrée :

« 100 Parties de racines de carotte, desséchées et traitées par l'alcool, ont donné 14 parties de moscouade très-belle et d'une saveur très-agréable ;

« 100 Parties de racines de panais, traitées de la même manière, ont rendu 12 parties 1/2 de moscouade moins agréable que la précédente ;

« 100 Parties de navet, 9 parties de moscouade très-bonne ;

« 100 Parties de chervi, 8 parties de bonne moscouade ;

« 100 Parties de racines de réglisse ont fourni, avec beaucoup de difficulté, 7 parties de moscouade qui a constamment conservé le goût de l'extrait, et il en fut à peu près de même des racines du froment rampant (le chiendent des officines) ;

« 100 Parties de ces dernières ont donné 4 parties 1/2 de moscouade un peu moins désagréable que la précédente ;

« 100 Parties de tiges de maïs, traitées comme les racines, n'ont produit que 5 parties de moscouade plus belle, mais non plus agréable que celle de la carotte ;

« 130 Parties de suc de bouleau ont donné 1 partie de moscouade peu agréable.

« Toutes ces opérations sont en général beaucoup plus dispendieuses que celle qui a pour but l'extraction du sucre de la betterave ; elles sont aussi moins avantageuses, puisque, toutes circonstances égales, 100 parties de betteraves ont produit 19 parties 1/2 de moscouade.

« Les betteraves, après avoir été émondées, furent coupées, à l'aide d'un appareil disposé à cet effet, par morceaux de la grosseur du pouce environ ; elles furent portées ensuite au moulin, qui les réduisit en pulpe, ou sorte de bouillie épaisse; cette pulpe fut enfermée dans des sacs de crin et placée entre deux madriers qui serraient les coins enfoncés par un mouton adapté au mécanisme du moulin : soumise à une pression très-considérable, elle laissa écouler toute la partie liquide, qui se rendit dans un réservoir placé sous la presse. Au sortir des sacs, la matière était presque sèche et friable; elle avait perdu les 0,78 de son poids, et ne contenait plus qu'une infiniment petite portion de sucre, qui n'était point susceptible de couvrir les frais qu'aurait exigés sa séparation; aussi, me suis-je contenté de déposer cette matière dans de grands réservoirs, et de l'y délayer avec une quantité d'eau suffisante pour lui faire éprouver la fermentation alcoolique.

« Quant aux écumes, elles ont été jetées dans les marcs de betteraves en fermentation. ainsi que le mucoso-sucré et autres matières hétérogènes liquides, dont on avait séparé en premier lieu tous les cristaux de sucre La distillation de ces matières fermentées a produit beaucoup d'alcool, mais d'un goût extrêmement désagréable : il n'a pu servir qu'à la préparation des vernis. Comme dans la distillation l'on n'a point apporté de grandes précautions à recueillir tous les produits, il en résulte que l'on n'a pu en constater exactement la quantité; néanmoins, elle a suffi pour dédommager des frais et procurer même un léger bénéfice. »

Le procédé que je viens de décrire est loin d'être parfait; je ne le regarde au contraire que comme une ébauche susceptible de grands perfectionnements, que nous devrons à une pratique constante et éclairée; ils diminueront infailliblement les frais d'opération que, dans mes calculs, j'ai dû exagérer peut-être, ne voulant point induire en erreur ceux que les avantages de cette fabrication détermineraient à l'entreprendre; dès lors, la valeur des produits baissera, et en peu de temps les sucres indigènes pourront avoir un cours fixe.

III. — Extrait d'une note insérée dans le bulletin de l'année 1811, par la même Société.

PROCÉDÉ DE M. LAMPADIUS.

« La Prusse a été le berceau de ce genre de fabrication ; c'est là que Achard, le baron de Coppy et plusieurs autres particuliers ont fait des essais qui ont été couronnés de succès. Depuis quelques années, M. de Granvogl a établi à Augsbourg une fabrique de sucre de betterave qui a fait des progrès remarquables ; elle livre au commerce une cassonnade parfaitement semblable à celle du sucre de canne, et dont il a été vendu en 1810 plus de 10,000 kilogrammes ; cette fabrique pourra en produire plus de 50,000 kilogrammes cette année. On sait que l'Empereur d'Autriche encourage dans ses Etats la fabrication du sucre de betterave et d'érable, et qu'on y élève de nombreuses fabriques de ce genre.

« Nous appellerons aujourd'hui l'attention de nos lecteurs sur un établissement fondé à Bottendorf, en Saxe, et dirigé par M. Lampadius, professeur de chimie à Freiberg ; voici les procédés qui y sont suivis :

Après la description de la méthode employée, on trouve les détails suivants sur la fabrication d'un *rack* de betteraves :

« On fait passer ce sirop à la fermentation en y mêlant de l'eau chaude et de la levûre de bière ; *mais on pourrait aussi se servir avec avantage des levûres produites par le suc de betteraves.*

« Le sirop fermenté est distillé deux fois jusqu'à ce qu'il ait acquis la force du rack ; on le met ensuite à digérer dans un tonneau, en ajoutant par pinte une demi-once de riz pulvérisé et autant de poussière de charbon. Après quelques semaines, on soutire cet esprit, on y mêle par pinte un gros de vinaigre distillé, et on le colore avec du caramel. Cette liqueur est parfaitement égale en qualité au rack ; on en a vendu quelques milliers de bouteilles.

« La fabrique de Bottendorf a mis ainsi dans le commerce trois produits très-recherchés, sa-

voir : le sirop, le sucre et le rack de betteraves ;
elle en a obtenu les résultats les plus satisfaisants...»

D'où l'on peut conclure que l'idée de transformer
la mélasse de betterave en alcool n'est pas nouvelle,
puisqu'elle date de l'origine de l'industrie sucrière,
et ensuite, que ni M. Champonois ni quelques
autres n'ont *inventé* la possibilité de se passer de
levûre de bière pour la fermentation, puisque
M. Lampadius l'émet formellement, et ce, avant 1811,
quand MM. Champonois, Dubrunfaut, etc., n'avaient
encore rien produit.

NOTE B.

Culture de la betterave dans les terres fortes.

DE LA BETTERAVE, *considérée sous le rapport de la nourriture qu'elle peut offrir aux bestiaux en hiver.*

« Tel est le titre d'un petit opuscule, dont la
2e édition a été publiée à Londres, en 1814, par
M. Pinder Simpson, et que M. le général de Grave a
adressé à la Société d'encouragement, avec invitation
de la faire connaître en France.

« M. le comte Chaptal, qui a bien voulu se charger
de l'examiner, en a rendu compte dans l'une des
séances du conseil. La méthode recommandée dans
cet ouvrage, pour cultiver la betterave dans les
terres fortes, lui ayant paru mériter de fixer l'attention des agronomes français, il a proposé d'en faire
insérer une traduction abrégée dans le *Bulletin :* nous
nous empressons de remplir ce vœu.

(Bulletin de la Société.)

« M. John Heaton, possède à Bedfrods, dans le
comté d'Essex, une ferme de 600 acres (1) de terrain,
dont il a consacré une partie à la culture de l'espèce
de betterave connue sous le nom de *disette,* d'après
le système qu'il a adopté.

« Pour s'assurer du mode de culture qui paraîtrait

---

(1) L'acre anglais est égal à 40 ares 50 centiares.

le plus avantageux , sous le rapport des produits, il a commencé par faire des essais en petit.

« Il choisit d'abord, dans un jardin, 60 mètres carrés de terre , sur lesquels il sema des betteraves en rayons; lorsqu'elles furent de la grosseur environ d'une rave, il les éclaircit avec une houe ordinaire à turneps, de manière à les espacer de 15 pouces dans tous les sens. La quantité obtenue fut de 360 racines, ce qui ferait à peu près 29,040 par acre; elles pèsent chacune, terme moyen, 4 livres; ainsi le produit d'un acre sera de 50 tonneaux (le tonneau est un poids de 2,000 livres). Un quintal de betteraves, coupées par tranches pour être données au bétail, forme deux bushels (1); le produit d'un acre est par conséquent de 2,000 bushels. On donne à chaque bœuf deux bushels de racines par jour : on peut donc nourrir un bœuf pendant quatorze semaines avec le produit d'un dixième d'acre.

« Le deuxième essai eut lieu dans un champ, à Mason-Field, et sur une même étendue. Les betteraves, après avoir été retirées du jardin, ayant la grosseur d'une rave, furent plantées en rayons distants entre eux de 3 pieds, et à 18 pouces dans la ligne. Le produit fut de 126 racines, ce qui donne 10,114 par acre; leur poids moyen était de 5 livres; ainsi, un acre en aurait fourni 22 tonneaux; comme chaque bœuf en mange un quintal par jour, la récolte d'un acre de terrain suffira pour nourrir quatre bœufs pendant cent dix jours.

« Enfin, on essaya sur le même terrain un troisième mode de culture, qui consiste à semer la graine au plantoir, en rayons distants de 2 pieds, et en laissant les plantes à 1 pied dans la ligne; 60 mètres carrés de terrain cultivés de cette manière, ont fourni 270 racines, ce qui fait 21,780 par acre; leur poids s'est trouvé de 5 livres chacun ; ainsi, un acre produit 48 tonneaux, qui suffisent pour la nourriture de dix bœufs pendant quatre-vingt-dix-sept jours, chaque animal en mangeant un quintal par jour.

---

(1) Le bushel est une mesure de capacité de 36 litres et demi.

« Ces essais, dont nous venons de parler, ont été continués pendant trois ans ; le dernier ayant offert les résultats les plus avantageux sous le rapport des produits, M. Heaton lui a donné la préférence que l'expérience a justifiée.

« Ceux qui cultivent les turneps de Suède (rutabaga), désireront peut-être connaître les avantages comparatifs de cette racine avec la betterave. M. Heaton en a une des plus belles plantations qui existent en Angleterre.

« Il cultive des turneps au plantoir, en rayons distants de 2 pieds, en laissant les plantes à 9 pouces dans la ligne. La récolte, sur 60 mètres carrés, a été de 252 racines, ce qui fait 20,356 par acre ; leur poids moyen est de 2 livres ; ainsi, un acre en donne 18 tonneaux, ce qui fait 30 tonneaux de moins qu'un acre de betteraves cultivé au plantoir, en rayons distants de 2 pieds, et en laissant les plantes à 1 pied dans la ligne.

« La betterave a d'autre avantages marquants sur le turneps : le produit en est plus certain, parce que les jeunes racines ne sont pas attaquées par les insectes, et qu'elles ne sont pas exposées aux effets de la gelée, la récolte se faisant à temps pour permettre de semer du blé sur le même champ, avant l'hiver. La culture en est aussi moins difficile et moins dispendieuse que celle des turneps, qu'on ne peut souvent pas arracher et rentrer avant la mauvaise saison.

. « Un bushel de betteraves coupées pèse 6 livres de plus qu'une pareille mesure de turneps hachés ; on nourrit mieux un bœuf avec 2 bushels de betteraves par jour qu'avec 2 bushels 1/2 de turneps de Suède, qui sont cependant préférables aux turneps ordinaires, dont il faudrait 3 bushels. En hiver, les brebis, les jeunes porcs et les vaches sont très-avides de betteraves ; on peut les donner aux jeunes chevaux avec du foin et de la paille, ce qui formera une excellente nourriture. Ces racines ont un avantage décidé sur les turneps pour les vaches laitières, dont elles améliorent le lait par leur douceur particulière.

« Il est donc de l'intérêt des fermiers de cultiver

cette précieuse racine, et de celui des nourrisseurs de la consommer ; ils y trouveront un bénéfice assuré.

« Nous passons maintenant à la description du mode de culture des betteraves, que l'auteur pratique dans les terres fortes de son exploitation. Ces terres sont en général marneuses à la profondeur de 4 à 12 pouces, et reposent sur un lit de glaise mêlé de gravier; elles sont trop compactes et trop humides en hiver, même pour que les moutons puissent y pâturer des turneps, qu'on est obligé d'arracher pour les donner à l'étable.

« Le terrain est préparé de la même manière qu'on le fait avec les turneps de Suède, ce qui est bien connu de tous les cultivateurs. Vers le milieu ou la fin d'avril, on donne un fort coup de charrue et on trace des sillons distants de 2 pieds; mais ce travail ne pouvant pas se faire d'un seul coup, on fait revenir la charrue dans le même sillon au point d'où elle est partie.

« Il vaut mieux répéter le labour avec une charrue ordinaire, que de labourer une seule fois avec une charrue à double soc, parce qu'on peut remuer la terre à une plus grande profondeur.

« On dépose le fumier, qui doit être bien consommé, dans les rigoles formées par les sillons, à raison de 6 mètres cubes par acre.

« Ensuite on renverse les sillons sur leur longueur, au moyen de la charrue, afin d'enfouir le fumier, qui se trouvera ainsi recouvert par les nouveaux sillons; on passe un léger rouleau et on sème la graine au plantoir sur le sommet des rayons, pour qu'elle puisse profiter de tout le fumier qui se trouve immédiatement au-dessous.

« La graine est déposée à environ 1 pouce de profondeur, tandis que la terre est encore humide, et recouverte en passant sur les rayons une herse légère ou un râteau de jardin.

« Finalement, on fait passer le rouleau sur les sillons, et la culture est achevée.

« Lorsque les plantes ont acquis environ la grosseur d'une rave, elles sont binées avec une houe à turneps, de manière à les espacer de 1 pied dans la ligne.

« Si quelque graine venait à manquer et que la plantation ne se trouvât pas suffisamment garnie, on arrache, avant le binage, les plantes dans les endroits où elles sont trop serrées, et on les transplante dans les espaces vides, afin d'assurer le succès de la plantation, en ayant soin que le pivot des racines ne soit pas tourné à la surface. On a remarqué que 99 plantes réussissent sur 100.

« Lorsque les plantes sont encore jeunes, on sarcle les mauvaises herbes qui ne pourront plus prospérer dès que le feuillage commence à s'étendre ; les frais du sarclage sont peu considérables.

« Les racines sont arrachées, au mois de novembre, par un temps sec. On coupe les feuilles près du collet, et lorsque les betteraves sont entièrement sèches, on les met en un tas, sous un hangar, en les recouvrant de paille pour les préserver des effets de la gelée. Elles se conservent ordinairement jusqu'au mois de mars de l'année suivante, et pourraient être gardées plus longtemps.

« La quantité de graine nécessaire pour ensemencer un acre est de 3 à 4 livres.

« **Explication de la méthode de culture ci-contre décrite.**

« *Forme des sillons avant la fumure.*

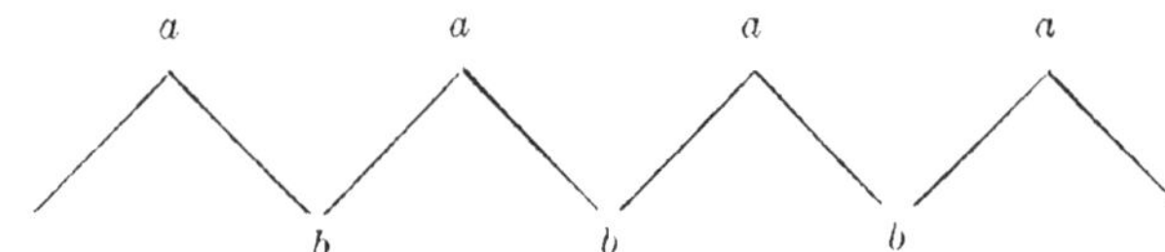

aaaa Sommets des sillons, d'environ 2 pouces de large ; la distance d'un sillon à l'autre est de 2 pieds.

bbb Rigoles dans lesquelles le fumier est déposé ; leur profondeur est de 1 pied.

« *Forme des sillons après la fumure et lorsqu'ils ont été renversés par la charrue et passés au rouleau.*

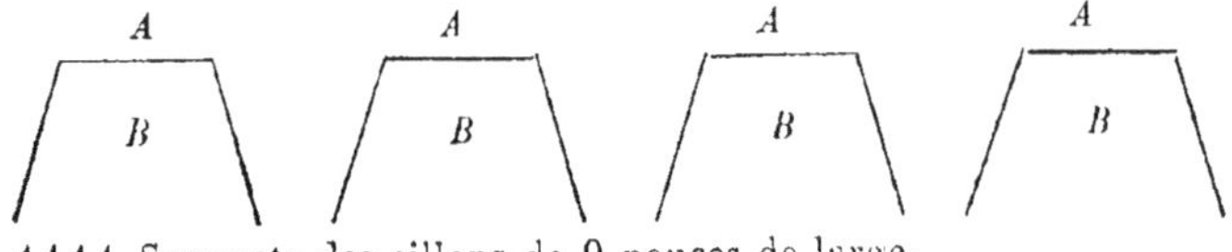

AAAA Sommets des sillons de 9 pouces de large.
BBBB Place qu'occupe l'engrais.

« On conçoit que, lorsque la quantité de betteraves que l'on donne chaque jour à un bœuf est détermi-née, il faut y ajouter quelque peu de fourrage sec. Cependant il n'est pas nécessaire d'en donner plus qu'on ne le fait ordinairement en nourrissant avec des turneps. M. Heaton ne donne généralement que de la paille d'avoine, et ses bestiaux s'en trouvent très-bien ; néanmoins, ils auraient été engraissés plus promptement, si on leur avait donné du foin. Au sur-plus, l'expérience a prouvé que des bœufs, nourris uniquement avec des betteraves et de la paille d'a-voine, seront au bout de 3 mois assez gros pour être vendus au boucher.

« Ce qui vient d'être dit au sujet des terres fortes n'est nullement applicable aux terres légères à tur-neps, sur lesquelles les moutons pâturent sans nuire au sol : comme il n'en existe point de pareilles dans la ferme de M. Heaton, il n'a pu faire aucun essai à cet égard.

« Lorsqu'un champ destiné à recevoir les better-aves ne se trouve pas suffisamment sarclé, il vaut mieux semer les graines dans un jardin, et trans-planter les jeunes racines quand elles ont acquis la grosseur d'une rave. On aura ainsi le temps de faire les sarclages nécessaires et de préparer la terre à recevoir les plantations; car, quoique les betteraves détruisent les mauvaises herbes, il n'est pas prudent de les semer dans un terrain qui en serait cou-vert.

« L'emploi de l'engrais n'est pas indispensable dans cette culture; cependant, lorsqu'on s'en sert, il faut qu'il soit bien consommé. On a obtenu de bonnes plantations à Bedfords, sans engrais, ce qui n'a point été préjudiciable à la récolte en blé qui a succédé. Les racines prenant leur nourriture à une profondeur plus considérable que celle où peut at-teindre la charrue, elles n'épuisent point la surface du sol sur lequel on sème le blé.

« Le mode de culture que nous venons d'indiquer est le même que celui qu'on pratique dans le Nord de l'Angleterre pour la culture des turneps, avec cette différence que là les rayons sont à 27 pouces de distance; mais le produit est moindre, car au lieu de 48 tonneaux par acre, on n'en obtient que 43 ; l'expérience a prouvé, d'ailleurs, que les racines n'acquièrent pas un plus grand volume dans les rayons distants de 3 pieds que dans ceux espacés de 2 pieds; par conséquent, la récolte doit être moins productive, puisque le nombre des plantes décroît à mesure que la distance entre les rayons augmente.

« Les avantages qui résulteront de la culture des betteraves sur une petite portion de terre des fermes à terres fortes sont évidents. On pourrait établir ici des calculs qui paraîtraient surprenants; mais on croit en avoir dit assez sur ce sujet pour convaincre les cultivateurs intelligents. Quant au système suivi par M. Heaton depuis trois ans avec un grand succès, c'est le moins dispendieux et celui qui, en dernier résultat, présente les avantages les plus certains, puisque le produit d'un acre suffit pour engraisser 10 bœufs, dont la vente procurera un bénéfice considérable, outre une quantité d'excellent fumier dont ils auront enrichi la ferme. Le cultivateur qui vend sa paille ne peut pas participer à ces avantages.

« Un seul fait suffira pour prouver cette assertion.

« M. Heaton acheta, le 9 septembre, 2 bœufs maigres, au prix de 34 livres sterling (850 fr.). On les fit pâturer jusqu'au 20 novembre, époque à laquelle on les rentra à l'étable, où ils furent nourris avec de la betterave et de la paille d'avoine jusqu'au 9 février de l'année suivante. Ils furent ensuite vendus 50 livres sterling (1,250 fr.), et donnèrent ainsi, en 5 mois 1/2, un bénéfice de 16 livres sterling, ce qui fait 7 schellings 3 deniers (8 fr. 50 c.) par semaine pour chaque bœuf.

« Les bœufs, nourris à l'étable pendant 3 mois, consommèrent 8 tonneaux et 2 quintaux (18 milliers) de betteraves, quantité produite par un sixième d'acre.   **D.**

Note C.

Sur la fabrication des sels de potasse.

Extrait d'un mémoire de M. Mathieu de Dombasle sur la fabrication de la potasse par l'incinération de diverses espèces de plantes. (Bulletin de la Société d'encour.) (1).

« L'auteur entreprit, dans le courant de l'été de l'année 1810, une série d'expériences tendant à rechercher quelles sont les plantes qui fournissent le plus de potasse par leur combustion. La betterave en fournit beaucoup ; mais il reconnut que le mode de culture propre à développer dans la betterave une grande quantité de sucre est tout opposé à celui qui convient pour la rendre riche en potasse ; que l'effeuillement diminue considérablement la quantité sucrée des racines, et qu'à l'époque de l'arrachage des betteraves, la saison est trop pluvieuse pour la dessication des feuilles.

« M. Mathieu de Dombasle a employé, dans ses premières expériences, une tige ou un fragment desséché de la plante, ayant quelques pouces de longueur et de la grosseur d'un petit tuyau de plume, l'a fait brûler à la flamme d'une bougie, sans le secours du chalumeau, sur une longueur d'environ 1 1/2 pouce : la plupart des plantes, après la combustion, laissent une cendre blanche ou grise plus ou moins sapide. Les plantes très-riches en sels solubles se fondent plus ou moins aisément, par cette opération, en un globule dont la saveur indique la présence de sous-carbonate de soude, et souvent du sulfate ou du muriate de la même base. La fusion est plus facile lorsque les sels neutres sont mêlés en grande proportion au sous-carbonate.

« L'auteur a essayé de cette manière trente-deux espèces de plantes diverses, parmi lesquelles l'épinard, l'arroche, la rhubarbe et surtout la betterave champêtre lui ont donné les meilleurs résultats. Ces

---

(1) L'auteur de ce mémoire a été jugé digne d'une médaille d'argent, qui lui a été décernée dans la Séance générale du 6 novembre 1815.

plantes, fondues, ont laissé une cendre dont la saveur est extrêmement alcaline et piquante. Voulant rechercher la richesse alcaline de chacune d'elles, il les a cueillies après la floraison, à l'exception de la betterave, qui a été arrachée dans la première année de sa croissance. La feuille, son pétiole et les racines elles-mêmes sont riches en alcali ; les diverses variétés de cette plante n'ont pas présenté de différences.

« Le tableau suivant indique les expériences que l'auteur a faites.

« Le lessivage employé est celui des saliniers. Le degré est marqué à l'alcalimètre de Descroizilles. »

| NOMS DES PLANTES. | POIDS | | DEGRÉS ALCALIMÉTRIQUES. |
	des cendres pour 100 kilog. de plantes sèches.	de salin.	
	kil. hect.	kil. hect.	
Grand raifort..............	10 »	2 3	11
Grand trèfle...............	15 »	2 2	63
Paille de navette..........	6 2	1 3	59
Tiges de pois.............	8 1	» 8	63
Grande chicorée...........	5 7	1 9	60
Betteraves................	10 4	5 . 1	62
Epinard..................	11 6	6 2	64
Arroche..................	13 »	4 5	59
Rhubarbe.................	10 5	4 9	59
Pivoine..................	12 5	3 »	46
Topinambour..............	6 4	1 9	44
Tournesol................	6 2	1 8	44
Absinthe.................	10 3	2 4	51
Fumeterre................	9 8	1 5	54
Potasse d'Amérique essayée pour point de comparaison..	» »	» »	53
Salin provenant de cendres de bois de chêne...........	» »	» »	41
Cendres gravelées provenant de la combustion de la lie de vin	» »	» »	24
Cendres entières de betteraves.	» »	» »	30

« On voit par ce tableau que les plantes les plus riches en alcali sont l'épinard, la rhubarbe, la betterave et l'arroche. Dans ces deux dernières principalement, la potasse est combinée à l'acide nitrique. La betterave contient une si grande quantité de nitrate de potasse que, si l'on fait sécher à l'ombre et très-lentement le pétiole d'une de ses feuilles, sa surface se couvre souvent d'une grande quantité de cristaux de ce sel, assez gros pour en reconnaître la figure à l'œil nu; elle prend feu aisément, elle fuse avec vivacité. L'arroche présente les mêmes phénomènes. Dans la rhubarbe, la potasse est à l'état de suroxalate, de même que dans l'oseille, son congénère (1).

« Le mode de combustion des plantes, ainsi que le lessivage, apportent des différences plus considérables dans le résultat des expériences qu'on ne serait tenté de le croire. M. de Saussure n'a fait éprouver aux plantes qu'il desséchait que le degré de chaleur convenable pour la combustion. Pour enlever les sels solubles, il faisait bouillir les cendres, préalablement pulvérisées, avec 20 fois leur poids d'eau distillée. De cette manière, il tirait plus de potasse que par le procédé en grand. En effet, de 100 parties de cendres de bois de chêne, 38,6 de sels sont solubles dans l'eau, sans compter 20,65 restés insolubles par

---

(1) « La betterave et la rhubarbe étant déjà cultivées avec avantage pour le produit seul de leurs racines, semblent être les plantes dont il serait le plus convenable de chercher à utiliser les feuilles pour en tirer de la potasse. La seule difficulté qu'on éprouve à recueillir cette substance consiste dans la difficulté de dessécher les feuilles, parce que leurs pétioles sont très-charnus et exigent un temps très-sec pour pouvoir être mis en état d'être brûlés. La pluie qui survient pendant la dessiccation, et surtout lorsqu'elle est déjà avancée, en lavant les sels contenus dans la plante, diminue considérablement la quantité de potasse qu'on obtient. L'arroche et le phytolacca brûlent plus facilement et perdent beaucoup moins de leur poids par la dessiccation. Quant à l'épinard, quoique cette plante soit la plus riche en potasse de toutes celles connues, comme elle exige d'excellents terrains et qu'elle est d'une culture difficile, elle ne présente pas autant d'avantages que les autres. »

leur combinaison avec la terre. Les cendres de chêne brûlées dans nos foyers, par le procédé ordinaire, donnent à peine le dixième de leur poids de substance soluble. Cette différence est due au degré de chaleur plus intense qu'éprouvent les cendres, lorsque le combustible est brûlé en masse un peu considérable, ainsi qu'à l'imperfection du lessivage tel que le pratiquent les saliniers. Si, dans le lessivage, on employait l'eau dans une proportion plus forte que 8 ou 10 fois le poids des cendres, les frais d'évaporation seraient trop considérables. Les terres fortement fumées sont celles qui donnent les plantes les plus riches en potasse.

Afin de s'assurer de la quantité de potasse que peut produire une étendue donnée de terrain cultivé en betteraves, l'auteur en destina un contenant 3 hectares, qu'il sema en betteraves au printemps de 1815 (1).

« Ce terrain argileux avait été cultivé en trèfle depuis deux ans; il a été coupé en automne 1814, après avoir reçu une fumure de fumier de cheval, dans la proportion de dix-huit voitures par hectare. Il a reçu un deuxième labour au printemps 1815; ensuite il a été hersé et ensemencé en betteraves, du 5 au 10 avril, à raison de 25 kilogrammes de graines par hectare, en rayons distants de 10 pouces l'un de l'autre. Le semis, qui s'est fait à la main, a été recouvert légèrement par la herse et le rouleau.

« Les betteraves ont levé assez régulièrement quinze jours après, mais n'ont été sarclées que du 10 au 15 mai. Le 10 juin, on a commencé à prendre du replant qui était fort bon, et qui a servi à repiquer d'autres terrains; par cette opération, on a supprimé

---

(1) « L'auteur estime qu'un hectare de terrain, cultivé en betteraves, produit 57,500 kilogrammes de feuilles fraîches, qui donnent 1,322 kilogrammes et demi de cendres, qu'on pourrait employer dans presque tous les cas où l'on fait usage de cendres gravelées, et qui sont beaucoup plus riches en alcali que la potasse du commerce. En lessivant ces cendres, on obtient 632 kilogrammes et demi de potasse d'excellente qualité. »

une ligne entre deux, de manière que la pièce est restée garnie de plants à 20 pouces en tous sens.

« Les cultures subséquentes ont été faites avec la houe à cheval. Il en a été donné deux : une immédiatement après que les plantes repiquées eurent repris, et l'autre dans la mi-juillet. Dès le mois d'août les feuilles couvraient le terrain.

« On arracha les betteraves le 2 septembre ; les feuilles laissées sur le terrain furent brûlées trois ou quatre jours après.

« Pour cet effet, on les ramassa avec le râteau, on les transporta sur le pâtural voisin, on alluma le feu. L'opération dura quatre jours. On alluma un deuxième feu, on transporta les cendres du premier, qui pesaient 185 kilogrammes. La combustion fut continuée pendant quatre autres jours. Les cendres du deuxième feu, enlevées, pesaient 1,012 kilogrammes, ce qui forma, pour le produit total, 1,206 kilogrammes.

« La cendre qui résulte de cette combustion éprouve une demi-fusion lorsque la masse des substances brûlées est assez considérable pour produire une forte chaleur. C'est une fritte poreuse, assez dure, de saveur alcaline, ayant beaucoup d'analogie avec les soudes brutes du commerce, très-riche en alcali.

« M. de Dombasle a fait lessiver, au mois de février 1816, 400 kilog. de potasse brute, provenant de la combustion des feuilles de betteraves ; il en a obtenu 180 kilog. de potasse calcinée, dont il a vendu 160 kilog. à un fabricant de bleu de Prusse, de Nancy, qui l'a trouvée de bonne qualité (1).

« M. d'Arcet a trouvé que 238 grammes de tiges de betteraves desséchées donnent 22 grammes de cendres qui ont produit 15 grammes 1/2 de belle potasse, au titre alcalimétrique de 64 degrés 1/2.

« M. Vauquelin a trouvé que les cendres des feuilles donnaient 40 1/2 p. 100 d'alcali, contenant 88 à

---

(1) « Depuis l'envoi de son mémoire, l'auteur a fait fabriquer de la potasse avec une partie des cendres qui lui restaient et en a fourni 108 kilogrammes à la raffinerie de salpêtre de Nancy ; cette potasse a été trouvée de qualité supérieure. »

90 centièmes de sous-carbonate de potasse pur et sec (1). Elle marque **34** degrés alcalimétriques, qui est le titre moyen des soudes factices et des bonnes soudes naturelles.

« La potasse purifiée, qui a été aussi analysée par M. Vauquelin, contient **77** centièmes de sous-carbonate de potasse pur et sec, de l'eau, du sulfate et du muriate de potasse, et **2,5** de sable par quintal. En purifiant cette potasse, M. Vauquelin l'a amenée à contenir jusqu'à 59 degrés alcalimétriques. »

Nous pourrions nous étendre bien davantage et faire voir, par des témoignages historiques irrécusables, que la plupart des choses dites nouvelles ont une origine beaucoup plus respectable que celle qu'on leur attribue de nos jours; mais cela serait de toute inutilité et ne concourrait pas à notre objet.

Qu'il nous suffise d'avoir cherché à réunir dans cet ouvrage les documents indispensables à l'homme laborieux des champs qui veut annexer l'industrie à l'agriculture, afin de parvenir à améliorer sa condition, tout en contribuant au bien-être national : ce n'est pas un travail de polémique, une œuvre de discussion que nous avons voulu faire.

Notre traité d'alcoolisation générale contenant, d'ailleurs, tous les renseignements les plus complets, ce serait tomber dans la redite que de nous égarer ici en vaines recherches. Nous y renvoyons donc le lecteur qui désirerait s'éclairer sur les objets les plus sérieux de l'alcoolisation et les principes qui s'y rattachent.

----

(1) « Suivant M. Vauquelin, 1,200 kilogrammes de ces cendres auraient fourni 540 kilogrammes d'alcali, qui, à raison de 1 fr. le degré, ont fait une somme de 830 fr.

« La fabrication de ces cendres et de l'alcali qu'on en retire ne coûte pas beaucoup de frais, puisqu'il ne s'agit que de rassembler et de faire brûler les feuilles de betteraves et recueillir les cendres qui en proviennent.

« En admettant que l'alcali obtenu de ces cendres coûtât 4 sous la livre, c'est-à-dire le cinquième de leur valenr, il resterait une somme de 673 fr. pour 3 hectares de terre, ce qui fait 228 fr. par hectare. »

CONCLUSION.

Qu'il nous soit permis, en finissant, de rappeler à nos lecteurs que notre but n'a pas été de faire un ouvrage de science, *un traité savant*, mais d'écrire un ouvrage utile, applicable surtout aux besoins de la distillerie agricole. Que d'autres fassent imprimer à grands frais des ouvrages *chers* et *splendides*, où la *gravure* vient enjoliver les théories abstraites de la discussion scientifique, c'est leur affaire. Nous ne pouvons ni ne voulons les suivre sur ce terrain, qui ne sera jamais le nôtre; trop empreint des besoins de l'agriculture, nous savons depuis longtemps que les mots sonores et les grandes phrases ne lui conviennent pas, et nous avons cherché à éliminer de notre travail toutes les inutilités de ce genre. Puissions-nous avoir été compris et avoir contribué au progrès *réel et pratique* de l'*agriculture française;* ce sera pour nous la plus douce satisfaction et la plus noble des récompenses !

FIN.

TABLE DES MATIÈRES.

CHAPITRE IV.

CHAPITRE V.

CHAPITRE VI.

Evreux, A. HÉRISSEY, imprimeur.— 258.